园林规划设计与施工养护管理

许贻艺　果　治　栾少华　著

吉林科学技术出版社

图书在版编目（CIP）数据

园林规划设计与施工养护管理 / 许贻艺, 果治, 栾
少华著. -- 长春 : 吉林科学技术出版社, 2022.8
ISBN 978-7-5578-9433-7

Ⅰ.①园… Ⅱ.①许… ②果… ③栾… Ⅲ.①园林—
规划②园林设计③园林—工程施工 Ⅳ.①TU986

中国版本图书馆CIP数据核字(2022)第113612号

园林规划设计与施工养护管理

著	许贻艺 果 治 栾少华
出 版 人	宛 霞
责任编辑	王丽新
封面设计	道长矣
制 版	长春美印图文设计有限公司
幅面尺寸	185mm×260mm　1/16
字 数	10万字
页 数	126
印 张	8
印 数	1-1500 册
版 次	2022 年 8 月第 1 版
印 次	2023 年 3 月第 1 次印刷

出 版 吉林科学技术出版社
发 行 吉林科学技术出版社
地 址 长春市福祉大路 5788 号
邮 编 130118
发行电话 / 传真 0431-81629529 81629530 81629531
81629532 81629533 81629534
储运部电话 0431-86059116
编辑部电话 0431-81629518
印 刷 三河市嵩川印刷有限公司

书 号 ISBN 978-7-5578-9433-7
定 价 44.00 元

编委会

主编:

许贻艺　温州设计集团有限公司【浙江】

果　治　唐山市园林绿化中心【河北】

栾少华　招远市政府投资工程建设服务中心【山东烟台】

副主编:

刘文祥　信阳农林学院【河南信阳】

李冬仁　山东省淄博市公园城市服务中心【山东】

王珊珊　河南省水利勘测设计研究有限公司【河南】

强积锋　山东汇友市政园林集团有限公司【山东】

王逸云　驻马店市驿城区园林绿化所【河南】

贺亚斐　河南省广源园林绿化有限公司【河南】

刘育君　中盛鼎达（北京）建筑工程有限公司【北京通州】

曹　映　华艺生态园林股份有限公司【安徽】

陈玉锡　安徽省城建设计研究总院股份有限公司【安徽】

桂智锋　中国美术学院风景建筑设计研究总院有限公司【浙江 杭州】

前　言

随着时代的发展，丰富多彩的视觉艺术不断冲击着人们的视觉感知能力，人类审美观的不断提升使视觉艺术得以快速发展。园林不只是一门学科，是一项事业，也是一门艺术。景观分为两大类——自然景观与人文景观。自然景观产生于人类之前，如土地、河流、海洋等；人文景观产于人类文明之后，它是经过对自然的改造，被注入了人类意志和活动的一类景观。从美学的角度来看，园林景观艺术源于自然和生活。在人们的生活中，从来没有中断过对美的追求，也从来没有间断过以艺术的创造来达到这一目的。

在园林景观的发展过程中，无论时代如何变迁，园林都能使美学和视觉艺术很好地联系起来。中国古典园林是我国园林史上具有高度艺术成就和独特风格的园林艺术体系，凝聚了传统文化的精粹和社会审美意识的精华，它运用叠石、造山、理水、植木、营亭、筑桥和陈设家具等方式组成各类景观，以有限的面积，创造无限的意境，与自然美、建筑美、绘画美融为一体。现代园林景观面向的是城市环境，是与整个城市规划相关联的，是人与自然多样化的联系。不同的园林景观带给人们不一样的美感，不仅是视觉上的，还有心灵上的。

园林规划设计与施工养护指综合确定、安排园林建设项目的性质、规模、设计流程、设计布局、工程施工和园林工程管理的活动。园林的规划设计与施工对于园林的建造有着高屋建瓴的作用，没有提前进行合理规划与设计，园林建造就无法顺利进行。此外，现代园林设计规划与施工运用一些现代化的手段与方法，不仅使园林建筑更加美观，而且提高了园林建筑的整体质量。

本书阐述了进行园林规划设计与施工所需的基本理论和设计手段，注重园林艺术基本知识的介绍和读者审美艺术的培养。本书主要通过言简意赅的语言、丰富全面的知识点以及清晰系统的结构，对园林规划设计与施工养护进行了全面且深入研究，充分体现了科学性、发展性、实用性、针对性等显著特点，可供从事园林工程设计的人员学习参考。

第一章 园林规划设计的基础知识

第一节 园林景观的基础认知

一、园林的概念

（一）园林的含义

园林是指在一定的地域，运用工程技术和艺术手段，通过改造地形、种植树木花草、营造建筑和布置园路等途径创作而成的具有美感的自然环境和游憩境域。

中国园林是由建筑、山水、花木等组合而成的综合艺术品，富有诗情画意。叠山理水要创造出"虽由人作，宛自天开"的境界。

园林是由地形地貌与水体、建筑构筑物和道路、植物和动物等素材，根据功能要求、经济技术条件和艺术布局等方面综合而成的统一体。这个定义全面详尽地提出了园林的构成要素，也道出了包括中国园林在内的世界园林的构成要素。

园林是在一个地段范围内，按照富有诗情画意的主题思想精雕细刻地塑造地表（包括堆土山、叠石、理水竖向合计）、配置花木、经营建筑、点缀驯兽（鱼、鸟、昆虫之类），从而创造出一个理想的有自然趣味的境界。

园林是以自然山水为主题思想，以花木水石、建筑等为物质表现手段，在有限的空间里创造出视觉无尽的、具有高度自然精神境界的环境。

现代园林包括的不仅是叠山理水、花木建筑、雕塑小品，还包括新型材料的使用、废品的利用、灯光的使用等，使园林在造景上必须是美的，且在听觉、视觉上具备形象美。

（二）园林的分类及功能

从布置方式上说，园林可分为三大类：规则式园林、自然式园林和混合式园林。规则式园林，其代表为意大利宫殿、法国台地和中国的皇家园林。自然式园林，其代表为中国的私家园林，如苏州园林、岭南园林。以岭南园林为例，建设者虽然效法江南园林和北方园林，但是将精美灵巧和庄重华缛集于一身，园林以山石池塘为衬托，结合南国植物配置，并将自身简洁、轻盈的建筑布置其间，形成岭南庭园畅朗、玲珑、典雅的独特风格。混合式园林是规则式和自然式的搭配，如现代建筑。

从开发方式上说，园林可分为两大类：一类是利用原有的自然风致，去芜理乱，修整开发，开辟路径，布置园林建筑，不费人事之工就可形成的自然园林。另一类是人工园林，是人们为改善生态、美化环境、满足游憩和文化生活的需要而创造的环境，如小游园、花园、公园等。随着人们生活水平的提高，很多花园式住宅也开始向美观与艺术方向发展，逐渐成为人工园林的一部分。

按照现代人的理解，园林不仅可以作为游憩之用，还具有保护和改善环境的功能。植物可以吸收二氧化碳，释放出氧气，净化空气；能在一定程度上吸收有害气体和吸附尘埃，减轻污染；可以调节空气的温度、湿度，改善小气候；具有减弱噪声和防风、防火等防护作用；园林对人们的心理和精神也能起到一定的有益作用。游憩在景色优美和安静的园林中，有助于消除长时间工作带来的紧张和疲乏，使脑力、体力得到恢复。园林中的文化、游乐、体育、科普教育等活动，还可以丰富知识和充实精神生活。

二、景观的概念

"景观"（Landscape）是指城市景观或大自然的风景。15 世纪，因欧洲风景画的兴起，"景观"成为绘画术语。18 世纪，"景观"与"园林艺术"联系到一起。19 世纪末期，"景观设计学"的概念广为盛传，使"景观"与设计紧密结合在一起。

然而，不同的时期和不同的学科对"景观"的理解不甚相同。地理学上，景观是一个科学名词，表示一种地表景象或综合自然地理区，如城市景观、草原景观、森林景观等；艺术家将景观视为一种艺术的表现，风景建筑师将建筑物的配景或背景作为艺术的表现对象，生态学家把景观定义为生态系统。

按照不同的人对景观的不同理解，景观可分为自然景观和人文景观两大类。

自然景观包括天然景观（如高山、草原、沼泽、雨林等），人文景观包含范围比较广泛，如人类的栖居地、生态系统、历史古迹等。随着人类社会对自然环境的改造及漫长的历史过程的积淀，自然景观与人文景观呈现互相融合的趋势。

景观是人类所向往的自然，景观是人类的栖居地，景观是人造的工艺结晶，景观是需要科学分析方能被理解的物质系统，景观是有待解决的问题，景观是可以带来财富的资源，景观是反映社会伦理、道德和价值观念的意识形态，景观是历史，景观是美。总之，景观最基本、最实质的内容还是没有脱离园林的核心。

追根溯源，园林在先，景观在后。园林的形态演变可以用简单的几个字来概括，最初是圃和囿。圃就是菜地、蔬菜园。囿就是把一块地圈起来。将猎取的野生动物圈养起来，随着时间的推移，囿逐渐成为打猎的场所。到了现代，囿有了新的发展，有了规模更大的环境，包括区域的、城市的、古代的和现代的。不同的历史时期和不同的种类成就了今天的园林景观。

三、现代园林景观的概念

我国园林设计大致可以概括为两个阶段，分别为传统园林设计和现代园林设计。值得注意的是，现代园林设计并没有完全脱离传统园林设计，而是在传统园林设计的基础上加入现代园林设计元素，既传承了传统园林设计，又符合现代园林设计的需求。

中国古典园林被称为世界园林之母，可见中国古典园林的历史文化地位。随着中国近代历史的演变，大量西方文化涌入，"现代园林景观"一词出现，中国的现代园林景观设计面临前所未有的机遇和挑战。

随着我国现代城市建设的发展，绿色园林景观的需求和发展成为园林景观设计界的主旋律。近年来，中国园林景观设计界形成了大园林思想，该理论继承和借鉴了国外多个园林景观理论，其核心是将现代园林景观的规划建设放到城市的范围内去考虑。

现代园林景观强调城市人居环境中人与自然的和谐，满足人们对室外空间的要求，为人类的休闲、交流、活动提供场所，满足人们对现代园林景观的审美需求。

中国现代园林景观设计以小品、雕塑等人工要素为中心，水土、地形、动植物等自然元素成了点缀，心理上的满足胜于物质上的满足。现代设计师甚至对自然的认识更加模糊，转而追求建筑小品、艺术雕塑等所蕴含的象征意义，用象形或隐喻的手法，将人工景观与自然景物联系在一起。花草可以被种植在任何可能的地方，自身的生长结构能很快地与土地结构相适应，使建筑和有机生命体有效地结合起来。从微观上看，自定义的几何图案以及材料的组织结构都让建筑本身具有一种生活的性质；从宏观上看，整个建筑有一种很强的视觉效应，每一个单体都采用了蜂窝的几何形态连在一起，有系统地重复，不断地延伸开来，跟茂密的植物很好地融合在一起。

四、现代园林景观的意义

社会的发展与景观的发展密切相关，社会的经济、政治、文化现状及发展对景观的发展都有深刻的影响。例如，历史上的工业革命促进了社会的发展，也促进了景观内容的发展，推动了现代景观的产生。可见，社会的发展、文化的进步能促进园林景观的发展。

然而，随着社会的发展，能源危机和环境污染的问题也随之出现，无节制的生产方式使人们对生存环境的危机感逐渐增强，于是保护环境成为人们的共识，从而更加注重景观的环保意义。因此，社会结构影响景观的发展，景观的发展也影响社会的发展，两者是相互促进、相互作用的。

现代园林景观以植物为主体，结合石、水、雕塑、光等进行设计，营造出适合人类居住的、空气清新的、具有美感的环境。

首先，景观能满足社会与人的需求。景观在现代城市中已经非常普遍，并影响着人们生活的方方面面。现代景观需要满足人的需求，这是其功能目标。虽然如今的景观多种多样，但是景观设计最终关系到人的使用，因此，景观的意义在于为人们提供实用、舒适、精良的设计。其次，现代园林被称为"生物过滤器"。在工业生产过程中，环境所承受的压力越来越大，各种排放气体如二氧化碳、一氧化碳、氟化氢等，对人的身体健康产生一定的威胁。

五、现代园林景观设计的目的

现代园林设计的最终目的是保护与改善城市的自然环境，调节城市小气候，维持生态平衡，增加城市景观的审美功能，创造出优美自然的、适宜人们生活游憩的最佳环境系统。园林从主观上说是反映社会意识形态的空间艺术，因此，它在满足人们休息与娱乐的物质文明需要的基础上，还要满足精神文明的需要。

随着人类文明的不断进步与发展，园林景观艺术因集社会、人文、科学于一体，不断受到社会的重视。园林景观设计的目的在于改善人类生活的空间形态，因而采用改造山水或开辟新园等方法给人们提供了一个多层次、多空间的生存状态，利用并改造天然山水地貌或人为地开辟山水地貌，结合建筑的布局、植物的栽植，从而营造出一个供人观赏、游憩、居住的环境。

园林景观设计将植物、建筑、山、水等元素按照点、线、面的集合方式进行安排，设计师借助这一空间来表达自己对环境的理解及对各元素的认识，这种主观的设计行为旨在让人们获得更好的视觉及触觉感受。

第二节　中国园林景观设计发展史

中国园林景观的漫长发展历程是中国古典文化的一部分，也是中国传统文化的重要组成部分。它不仅影响着亚洲汉文化圈，还影响着欧洲园林景观文化，在世界园林体系中占有重要地位。中国传统园林，亦被称为中国古典园林，历史悠久、文化含量丰富，在王朝变更、经济兴衰、工程技术变革的历史长河中，特色鲜明地折射出中国人特有的自然观、人生观和世界观的衍变，成为世界三大园林体系之最，极具艺术魅力。中国的传统文化思想及中国传统艺术对中国园林景观设计有深刻的影响，在园林发展过程中留下深深的履痕。

一、中国古典园林景观的发展阶段

中国古典园林景观形成于何时，至今没有明确的史料记载，但就园林设计与人类生活的密不可分性可以推断出，在原始社会时期，虽然生产力低下，但人们已经有了建造园林的想法，只是缺乏造园活动的能力。

当人类社会经历了石器时代后，开始从原始社会向奴隶社会转变，奴隶主既有剩余的生活资料又有建园的劳动力，因此，为了满足他们奢侈享乐的生活需要，园林开始出现，中国古典园林的第一个阶段即形成阶段开始出现。

（一）中国古典园林景观的萌芽阶段（夏商周时期）

我国古代第一个朝代——夏朝，其农业和工业都有了一定的基础，为造园活动提供了物质条件。夏朝出现了宫殿的雏形——台地上的围合建筑，可以用来观察天气，通常在围合建筑前种植花草。

随着生产力的发展，商朝出现了"囿"。根据文献资料《说文解字》的记载，"囿，养禽兽也"，《周礼·地官司徒》的记载，"囿人掌囿游之兽禁，牧百兽"，均显示囿是为了方便打猎，用墙围起来的场地。到了周朝，"囿"发展为在圈地中种植花果树木及圈养禽兽。中国古代园林的孕育完成于囿、台的结合。"台"在"囿"之前出现，是当时人们模仿山川建造的高于地面的建筑，可以眼观八方，方便指挥狩猎。

由此可见，中国的园林是从殷商时期开始的，囿是中国传统园林的最初形式。很多学者认为，囿这种园林景观中的活动内容和形式在中国整个封建社会产生了很大的影响。清朝时期，皇帝还会在避暑山庄中骑马射箭，可见也是沿袭了奴隶社会的传统。

（二）中国古典园林景观的形成阶段（秦汉时期）

秦汉时期是我国园林发展史上一个承前启后的时期，初期的皇家宫廷园林规模宏大。西汉中期受文人影响，开始出现诗情画意的境界。东汉后期，园林趋向小型化，很多皇亲国戚、富贾巨商都开始投资园林，标志着我国古典私家园林的兴起。

战国时期，宫苑奠定了"苑"的形成机制，这个时期的宫苑是皇家园林的前身。随着封建帝国的形成，皇家园林的规模也逐渐扩大，规模宏大、气魄雄伟是这个时期造园活动的主要风格。

秦统一六国后，建立了前所未有的大一统王朝，修建大大小小300处宫苑，"苑"的规模得到了发展。

公元前206年，刘邦建立了西汉王朝，在政治、经济方面承袭了秦王朝的制度。秦末农民战争之后的西汉经济发展迅速，成为中国封建社会经济发展最活跃的时期之一，此时王宫贵族、富商巨贾生活奢侈，地主、大商开始建园。西汉的园林继承了秦代皇家园林的传统，并进一步发展。例如，秦汉时期的上林苑以秦为鉴，在秦的基础上，形成了"苑中套苑"的基本格局，奠定了园林组织空间的基础。东汉时期的皇家园林数目不多，但园林的游赏水平和造景效果达到了一定的水平。

由此可见，汉代园林是中国园林史上的重要发展阶段，在此阶段得到发展的皇家园林成为中国古典园林的重要分支。西汉园林对秦代园林的形式有了进一步发展，将囿苑向宫宅园林发展。东汉时期，皇家园林开始展现出诗情画意的意境，文人园林逐渐形成，为魏晋南北朝时期园林的发展奠定了基础。

汉代园林的造园风格：皇家宫苑是西汉造园活动的主流，它继承秦代皇家宫苑的传统，保持其基本特点又有所发展、充实。宫苑是汉代皇家园林的普遍称谓，其中"宫"有连接、聚集的含义，通常指帝王住所；"苑"原意为"养禽兽所也"，后多指帝王游猎场所。

在汉代园林中有以下几大造园手法值得研究。

第一，人工叠山。两汉时期，蓬莱神话盛行，宫苑中很多景色都模仿神话传说中的三仙山进行修建。西汉梁孝王建筑的梁园，又称兔园，"园中有百灵山、落猿岩、栖龙岫、雁池、鹤洲、凫渚，宫观相连，奇果佳树，错杂其间，珍禽异兽，出没其中"，可见当时叠山的规模。两汉时期以土和石筑山的叠山方式，为魏晋南北朝时期的自然山水园提供了借鉴，在园林史上具有重要的意义。

第二，用水。水是园林景观构成中的重要因素，无水不活、无水不秀。前面案例中已经提到了汉代的上林苑。上林苑中拥有数量众多的水体，如太液池、昆明池等，水体的运用大大开拓了园林的艺术空间，使园林在空间造型中起伏有致、疏密相间。

第三，动植物成为造园必不可少的因素。上林苑中的动植物景观表现出汉代造园的显著特点，动植物的存在不仅是满足起初狩猎的需要，还要满足园林的观赏价值。

第四，建筑的营造也是两汉时期造园的重要因素。汉代木结构的工艺水平得到了迅速的发展，这从西汉初期主要以高台建筑为主，西汉末年楼阁建筑大量出现的历史记载中可以得到证实。在结构上，汉代建筑的台梁、穿斗、井干三种水平木质结构形式已基本形成，竖向构架形式也开始出现并奠定了以后一千多年高层木构建筑的基础。

汉代建筑在立面上通常按三段式划分，包括台基、屋身、屋顶三部分。台基多为夯土夯实，外包花纹砖。高台建筑台基很高，西汉早年有几十米高的，以后逐渐降低。

（三）中国古典园林景观的发展阶段（魏晋南北朝时期）

魏晋南北朝时期，呈现出百家争鸣的局面。刘勰的《文心雕龙》、陶渊明的《桃花源记》等许多名篇，都是在这一时期创作的，寄情于山水的实践活动不断增加，关于自然山水的艺术领域不断扩张。

以自然美为核心的美学思潮在这个时期发生了微妙的变化，从具象到抽象、从模仿到概括，形成了源于自然又高于自然的美学体系。园林的狩猎、求仙等功能消失，游赏活动成为主导功能甚至唯一功能。

魏晋南北朝时期的造园活动是从生成期到全盛期的转折，初步确立了园林的美学思想，奠定了中国风景式园林的发展基础。此时的园林景观摆脱了原有风格的束缚，追求自由、自然的建设风格，使园林景观向艺术形式方向靠拢，为中国古典园林的发展埋下了重重的伏笔。

（四）中国古典园林景观的全盛阶段（隋唐时期）

隋唐时期（581 ~ 907）是中国封建社会的鼎盛时期，随着社会政治经济制度的完善，皇家园林的发展进入了全盛时期。隋唐时期的园林景观设计较魏晋南北朝时期艺术水平更高，开始将诗歌、书画融入园林景观设计中，抒情、写意成为园林景观设计的基本艺术概念。主题园林在这一时期开始萌芽，兴起于宋代，成为容纳士大夫荣辱、理想的艺术载体。

此时的园林景观设计是继魏晋南北朝时期"宛若自然"的园林景观设计之后的第二次质的飞跃。促进园林景观设计出现质的飞跃的因素主要有以下两点。

第一，隋朝结束了魏晋南北朝时期的战乱状态，统一了全国，沟通了南北地区的经济。盛唐时期，政局稳定，经济文化繁荣，人们开始追求精神上的享受，造园就成了精神及物质享受的重要途径。

第二，科举制度的盛行使做官的文人增多，园林成为他们的社交场所。中唐时期，文人直接参与造园，他们的文学修养和对大自然的领悟使他们的私家园林更加具有文人气息，因此，这种淡雅清新的格调再度升级，成为具有代表性的"文人园林"。

隋朝时期全国统一，政治经济繁荣，皇帝生活奢侈，偏爱造园，隋炀帝"亲自看天下山水图，求胜地造宫苑"。迁都洛阳后，"征发大江以南、五岭以北的奇材异石，以及嘉木异草、珍禽奇兽"，都运到洛阳去充实各园苑，一时间古都洛阳成了以园林著称的京都，"芳华神都苑""西苑"等宫苑都极尽豪华。这些皇亲贵族将天下的景观都融入自家的园林中，使人足不出户就能享受自然的美景。

唐朝继承了魏晋南北朝时期的园林风格，但开始有了风格的分支。以皇亲贵族为主的皇家园林精致奢华，禁殿苑、东都苑、华清宫、太极宫、神都苑、翠微宫等，都旖旎空前。

（五）中国古典园林景观的成熟阶段（两宋到清中期）

当中国封建社会发展到两宋时期，地主的小农经济已经定型，商业经济也得到空前的繁荣，浮华的社会风气使上至帝王、下至庶民都讲究饮食玩乐，大兴土木、广建园林。封建文化开始转向精致，开始实现从总体到细节的自我完善。两宋时期的科学技术有了长足的进步，无论是理论上的《营造法式》和《木经》等建筑工程著作的流行，还是树木、花卉栽培技术的提高，园林叠石技艺的提高（宋代已经出现了以叠石为专业的技工，称"山匠"或"花园子"）都为园林景观设计提供了保证。种种迹象表明，中国古典园林景观设计自两宋开始已经进入了成熟阶段。

中国古典园林发展到宋代更加成熟。在建筑技术方面，宋代的建筑技术继承和发展了唐代的形式，无论单体还是群体建筑，都更加秀丽，富有变化。宋代的建筑技术无论在结构上还是在工程做法上较之唐代都更加完善，从傅熹年先生的北宋东京皇城复原图可以看出，宋代的皇家园林规模更加宏大。

宋代的皇家园林中，除了艮岳外，还有玉津园、瑞圣园、宜春苑、金明池、琼林苑等。以玉津园和金明池为例，玉津园是皇家禁苑，宋初经常在此习射赐宴，后期因为艮岳的兴建，地位逐渐降低，金明池中有水心五殿、骆驼虹桥，并且在北宋时期不断增修，在当时的皇家园林中占有重要地位。北宋初年，私家园林遍布都城东京，这些私家园林的修建者多是皇亲国戚。两宋时期是中国古典园林进入成熟期的第一个阶段。皇家、私家、寺观三类园林景观已经完全具备了中国风景式园林的主要特点。这一时期的园林景观艺术起到了承前启后的作用，为中国古典园林进入成熟期的第二个阶段打下了基础。

元大都的苑囿虽然沿用了前朝的旧苑，但还是依据当时的需要进行了增筑和改造，出现了前所未见的盈顶殿、畏瓦尔殿、棕毛殿等殿宇形式，殿宇材料及内部陈设也都沿用了元人固有的风俗习惯。紫檀、楠木、彩色琉璃、毛皮挂毯、丝质帷幕以及大红金龙涂饰等名贵物品的使用和艳丽的色彩，形成了元代独有的特色。

元代的私家园林继承和发展了唐宋以来的文人园形式，其中较为著名的有河北保定张柔的莲花池、江苏无锡倪瓒的云林堂、苏州的狮子林、浙江归安赵孟頫的莲庄以及元大都西南廉希宪的万柳堂、张九思的遂初堂、宋诚甫的垂纶亭等。有关这些园林的详尽文字记载较少，但从保留至今的元代绘画、诗文等与园林风景有关的艺术作品来看，园林已成为文人雅士抒写自己性情的重要艺术手段。由于元代统治者的等级划分，众多汉族文人往往在园林中以诗酒为伴、弄风吟月，这对园林审美情趣的提高是大有好处的，也对明清园林有较大的影响。

随着中国封建社会进入明清时期，社会经济高度繁荣，园林的艺术创作也进入了高峰期。由于明朝时期封建专制制度达到顶峰，皇家园林结构严谨，江南的私家园林成为明朝时期的主要成就。

清代自康熙至乾隆祖孙三代共统治中国达130多年，这是清代历史上的全盛时期，此时的苑囿兴建几乎达到了中国历史上前所未有的高峰。社会稳定、经济繁荣为建造大规模写意自然园林提供了有利条件，如圆明园、避暑山庄、畅春园等。

（六）中国古典园林景观的成熟后期（清中期到清末期）

园林的发展，一方面继承前一时期的成熟传统且更趋于精致，表现出中国古典园林的辉煌成就；另一方面则暴露出某些衰颓的倾向，丧失前一时期的积极、创新精神。清末民初，封建社会完全解体，历史发生急剧变化，中国园林的发展也相应地产生了根本性的变化，结束了它的古典时期，开始进入园林发展的第三阶段——现代园林的阶段。

中国造园艺术以追求自然精神境界为最终和最高目的，从而达到"虽由人作，宛自天开"的审美情趣。它深浸着中国文化的内蕴，是中国五千年文化史造就的艺术珍品，是一个民族内在精神品格的写照。

二、中国传统园林景观的美学特点

中国传统园林是中国建筑中综合性和艺术性最高的类型。上文中已经梳理了中国园林艺术的悠久历史，中国园林在以诗画为主体的封建社会文化中发展，将自然与人造结合，蕴含着不同于世界其他国家和地区园林艺术的美学特点。

第一，中国传统园林的造园方法源于自然且高于自然。

自然风景以山、水等地貌为基础，山、水、植被是构成自然景观的基本要素，这也是中国古典园林的基本构成因素。但园林毕竟是人造景物，并不是对自然景观的照搬，而是通过人的审美经验所建构的。

东晋简文帝入华林园时说的"会心处不必在远，翳然林水，便自有濠濮涧想也，觉鸟、兽、禽、鱼，自来亲人"，明代计成《园冶》中"有真为假，做假成真"的说法，都强调了园林审美活动中主体与自然的密切关系。

对自然构景要素进行有意识地改造、调整、加工，表现出一个精练的、概括的典型化自然，这个特点在中国传统园林中主要体现在筑山、理水、植物配置方面。

第二，中国传统园林建筑美与自然美相结合。

中国古典园林将山、水、花木三个造园要素有机地组织在一起，形成一系列风景画，无论园林大小，都将三者彼此协调、互相补充。有学者认为，中国古典园林就是"建筑美与自然美的融糅"，这种人工与自然高度协调的境界在中国古典园林中得到淋漓尽致的体现。

第三，"诗情画意"是中国园林区别于其他园林的独有风格。

宋代诗人周密有诗云："诗情画意，只在阑干外，雨露天低生爽气。一片吴山越水。"这句词中的"诗情画意"是指画里描摹的能给人以美感的意境，这与园林给人们的感觉相似。"文学是时间的艺术，绘画是空间的艺术"，园林设计不仅要考虑山、水、植物等因素，还要考虑人对其产生的影响及气候等条件的影响。中国古典园林作为人类的杰作，融合了中国传统文化中的多种艺术，这也是中国园林区别于世界各大园林最重要的原因。

中国画与中国古典园林被学者认为是"姊妹艺术"，两者血脉相连、相互渗透、互为影响。中国画的立意、层次、叙事等手法都与中国古典园林的造园手段吻合，例如，南宋赵夏圭的《长江万里图》、北宋王希孟的《千里江山图》、北宋张择端的《清明上河图》等书画长卷，其山水章法都如同一个大园林；北京圆明园的四十景，承德避暑山庄的三十六景等。如果将这些景物展开，则都是一幅独立的山水长卷。

第四，中国古典园林中的意境之美。

中国古典园林虽然南北差异较大，但两者有共同的特点，就是园中有意境。意境是一个很复杂的概念，它包含"意"与"境"。所谓"意"既指艺术形象，又指创作者内心的想法和受众的观赏图像，是创作者传递给受众内心的主观感受。

中国园林艺术是自然环境、建筑、诗、画、楹联、雕塑等多种艺术的综合。园林意境产生于园林境域的综合艺术效果，能给予游赏者以情意方面的信息，唤起以往经历的记忆联想，产生物外情、景外意。

第三节　园林规划与设计

一、园林规划与设计概述

（一）园林规划设计

城市园林是城市中的"绿洲"，不仅为城市居民提供了文化体系以及其他活动的场所，也为人们了解社会、认识自然、享受现代科学技术带来了方便。园林设计是一门研究如何应用艺术和技术手段处理自然、建筑和人类活动之间复杂关系，以达到和谐完美、生态良好、景色如画境界的一门学科。它的构成要素包括地形、植物、水体、建筑、铺装、园林构筑物等。所有的园林设计，都是建立在这些要素的有机组合之上的。

1. 艺术性设计

园林的规划与建设应当具有一定的审美价值，在满足艺术性的同时也满足其中的实用性。现代园林的规划设计，应当从各种艺术门类中吸收灵感，不论是美术、音乐、建筑，在吸取诸多艺术的特点之后，最终建设成的园林能够给予更多人来自艺术的美感。历史上的诸多艺术流派均能为园林设计提供可参考的艺术形式，让园林设计更加多样化。因此，园林建设最先应当考虑园林的实用价值，同时重视其艺术性，让传统艺术与现代园林相结合，符合现代文明，同时传达艺术思想。

2. 人性化设计

所谓的人性化设计，便是在园林设计的过程中，以游客为中心，在重视园林景观设计的同时，努力为游客着想，最终设计出一个符合游客审美心理且更加便利的园林，让游客在这样的园林中获得身心上的放松。想要达到这一点，设计者需将心理学等学科融入园林设计当中去，努力构想人在不同的环境和条件之下会产生的不同的心理状态和行为，最终拓宽园林的内涵，从而达到以人为本的人性升华，建造出一个成功的现代都市园林。

3. 意境创造

意境美是一种在设计之初就努力营造的氛围，通过园林景观中的文字、图案，甚至部分结构，将一定的情感要素传达给游客，从而使游客触景生情，在情景交融的环境中感受到园林艺术的魅力。然而这种意境的营造需要设计者融合多种要素，才能为游客提供一定的心灵感受。就现代园林建设而言，具有这种意境创造的园林为数极少，因此，要求园林设计者更多地从我国古典园林中寻找灵感，建设出有别于他国园林且富有中国魅力的园林，让游客在其中流连忘返。

（二）当代园林建筑、小品

在古典园林里，没有小品这个名词，园林建筑是诸如亭、廊、榭、舫、厅、堂、馆、轩、斋、楼、阁等类型的统称。在社会物质生活水平不断提高的当代，对园林精神享受需求的多样化要求也随之提高。在当代园林里，园林建筑的类型、功能、形式等发生了变化，因为其功能属性发生了本质的变化，因此，大部分园林建筑已不再像古代园林只满足于私人的生活享受，其形式发生了变化。例如，古典园林里的廊，在当代园林里已演变为花架的形式。而园林小品这一近现代园林中特有的名词，是泛指园林中供休息、装饰、照明、展示和为园林管理及方便游人之用的小型建筑设施。园林小品是当今园林景观营造的重要角色，是人与环境关系作用中最基础、最直接、最频繁的实体。

（三）建设生态园林

现代园林建设已经向着自然化、人文化的趋势发展，许多设计者都意识到园林存在的意义便是让自然更加贴近生活在城市中的人们，因此，园林设计时应当找到人与自然间相互作用的平衡点，从而进行园林建设。生态园林指的是符合生态学的园林设计，并最终建设出一个良好的绿地系统。在这样的园林中，植物造景是其主要组成部分，木本植物是其中必不可少的生物群，在诸多植物的共同作用下，形成一个充分利用自然资源的空间，并且能够更加充分地改善城市的生态环境建设。生态园林是园林发展的必然趋势，在园林建设中，自然原生态的景物才是现代城市急切需求的，既能够为城市降尘降噪，又能够改善城市的空气质量。

（四）传统园林设计在当代园林景观中的应用

传统的园林设计更注重自然在其中的作用，在园林中时常见到岩石、植被、水流以及天空相互衬托，形成一道天然的景观，这一点是现代园林建设时应当学习的。通过不同景物的组合让其具有更加天然的美感，从而满足游客的视觉平衡感，使园林显得更加美丽。在组合植物时，传统园林也很重视同类色彩的运用，使观赏更具有层次感和空间感，并且在渐变的颜色中，使观赏者的内心产生温和、安静、高雅的感受。现代园林应当重视这一点在景观设计过程中的运用，应注意对点、线、面、体的把握，让整个景观有一定的立体感，刚柔并济、动静结合的表现形式使得园林景观看起来有一定的节奏感。在许多园林中，都可以见到在主色调为大片绿色的草地中，点缀着形状变化的浅绿、深绿的植被或装饰物，有的还会加入碧绿色的水面，再将一些景观设施融入其中，使观赏者产生宁静、高雅的视觉感受。

二、园林规划与设计原则

（一）因地制宜与顺应自然原则

现代风景园林实践的内容早已超越了传统的"园林范畴"，突破了传统的学科界面。区域景观环境、风景环境、乡村、高速公路、城市街道、停车场、建筑屋顶，乃至河流，甚至雨水系统、海绵系统都成为现代风景园林学关注的对象。从花园到公园，再到公园体系，包含建成环境与风景环境，风景园林学的研究尺度不断拓展，带来了研究界面的拓展，使得风景园林师关注的范畴不断扩大。既不囿于小尺度的视角去探讨"点"的问题，也不局限于从区域的高度出发，思考"面"的问题，而是扩展到区域，甚至国土范围，在多层次的视角下，思考人居环境系统与结构性问题。

（二）系统设计原则

风景园林规划设计需要依据原生场所，生成满足多目标的、新的景园环境，即设计的人工系统与场所的原生系统之间的耦合，实现的途径为设计与场所的耦合。当代风景园林规划设计所要做的工作是在满足自然系统存在及发展规律的基础之上，将人的需求嫁接、植入。对于以自然为主体的风景环境而言，形态是容易改变的，但其却不是系统本质性的特征，场所中的自然过程与规律不以人的意志为转移。因此，设计者应把握其本质，在研究风景园林系统自我发展过程与规律的基础上开展设计。作为一个相对开放的系统，风景园林系统中诸要素能够与外界发生交换，使得人工系统与原生系统的融合成为可能。针对特定场所的风景园林规划设计由各个设计要素构成，要素之间互相影响、互相调适、共同作用，生成最终的设计结果。

（三）非线性与逻辑性原则

"思维"是在表象、概念的基础上，进行分析、综合、判断、推理等认知活动的过程，是人所特有的高级精神活动。设计是一个复杂的思维活动，包含了直觉思维、形象思维、逻辑思维和创造性思维等多种思维类型与思维领域。设计的过程是一个由意识支配的过程，设计思维影响、制约着创造活动的全过程。

思维方式植根于历史的实践及科学发展的进程之中，并随着时代的推进而延伸发展。时代的发展对设计思维发展提出更高的要求，特定的时代区间存在着某种特定的思维方式。设计思维的科学化演进可以较有效地减少设计工作中的随意性和不确定性，增加设计结果的可判定性、可靠性与合理性。同时，在一定程度上增强设计工作的系统性、有序性，提高设计工作的效率和质量。风景园林规划设计思维的发展同样顺应了思维的这一演进的过程。

（四）系统优化与最小化干预原则

"最优"即在园林设计过程中，为了满足一系列的要求而综合协调、相互妥协的最终产物。系统思维是人们在解决复杂系统问题过程中总结出来的现代科学思维方式，是一种立体化、多向化、动态化的思维方式。系统思维不是将设计对象看作独立个体，而是作为一个设计系统对待，综合考虑设计要素之间、设计要素本身以及周围环境之间的相互关系和内部规律。系统论强调将研究对象作为一个整体，而构成整体的各个部分之间协同作用，将各个部分的协同效能最优和最大化，从而实现整体效益最优。优化功能是系统思维最显著的特点，能够进行系统优化，是设计系统的重要特征。

风景园林规划设计具有复杂系统的特征，一方面，保留了自然素材的原初属性，并遵循自然演替规律；另一方面，园林空间又是依据人的诉求营造的空间环境，具有文化内涵，有着多目标的特点。在风景园林环境中协调不同的目标，使系统整体最优化，已成为现代风景园林规划设计的基本原则。

　　风景园林作为一个复杂的系统，既要服从于自然规律、也要服务于人诉求、更追求形而上的境界。因此，风景园林规划设计追求"真、善、美"三大基本价值。"真"代表着科学理性，反映人类对过去经验的"规律性"认识；"善"体现出人类的愿景与意志，具有"目的性"；"美"则是理想的境界，具有"精神性"。

（五）耦合与一体化原则

　　风景园林规划设计原则对应的设计过程：场所的分析，分析基础上生成的设计策略，以及策略运用于场所的动态、反馈过程，并通过动态、反馈的协调机制来实现设计目的。机制生成的核心对应于三个方面：一是通过耦合来实现要素与场所之间的协调；二是在人为干预下生成的景园系统具有最优化的基本特征，即综合最优；三是设计与原生环境相融合，具有自我完善与更新的能力，也就是成为可持续发展的一体化新系统。原则指导下生成的设计策略与场所之间是耦合的，最终转化为具体的方法与手段同样与场所相耦合。

（六）量化与参数化原则

　　人们对外部世界的认知和研判往往遵循"先定性后定量"的过程。定性研究通过发掘问题、理解事件现象进行相关的分析与解释。"定性"的方法常用于社会学研究领域，其优点在于表述全面，具有知觉性。定量研究的优势在于直观、理性。定量研究与定性研究相对，是科学研究的重要步骤和方法之一，通过数量将问题与现象进行表示，然后分析、考验、解释，从而获得意义。定量研究与定性研究立足于不同的着眼点：定性研究在于"质"，定量研究在于"量"；两者在研究中主要的方法也不同："定量"研究采用经验测量、统计分析和建立模型等方法，"定性"研究运用逻辑推理、历史比较等方法。两者的表达形式不同："定量"主要以数据、模式、图形等来表达，"定性"则以文字性描述为主。

　　在风景园林规划设计中，既离不开定性研究，也离不开定量研究作为支撑。过去风景园林学的研究往往以定性为主，通过经验与感觉描述事物，并形成判断。当代风景园林学科研究工作的开展需要定性与定量研究方法的有机结合。定量能够以数值对研究对象加以展示，从而与定性方法形成互补。定性的价值在于控制总体方向，定量的价值在于控制过程，只有过程与方向有机结合，才能以合理的"投入"，实现预期的目标，达到最优并且实现可持续。

第二章　园林景观设计流程

第一节　园林景观的设计要素

现代园林景观的设计要素可分为两大类：一类是软质要素，如植物、水、风、雨、阳光等；另一类是硬质要素，如铺地、墙体、栏杆、建筑、小品等。软质要素通常是自然的，硬质要素通常是人造的。

一、软质要素

（一）园林景观设计的植物要素

植物在园林景观艺术中有很大作用。植物造景是利用乔木、灌木、藤木、草本植物来创造景观，并发挥植物的形体、线条、色彩等自然美，配置成一幅美丽动人的画面，供人们观赏。植物在园林中有以下作用：

1. 观赏功能

不同的植物形态各异，颜色多变，可给人们带来艺术的享受，利用植物的不同特征和配置方法，可以塑造不同的植物空间。

2. 净化功能

合理配置绿化可以吸收空气中的有害气体，起到净化空气的作用，还可以减少噪音，给人们提供一个安静清新的园林空间。

3. 改善气候

植物是改善小气候、提供舒适环境的最经济的手段。植物通过自身的特点，可以挡住寒风，还可以作为护坡材料，减少水土流失。在成活率达标的基础上，利用植物造景艺术原理，形成疏林与密林交错、天际线与林缘线优美、植物群落搭配美观的园林植物景观。

（二）水体是园林景观设计的软质要素之一

水体是园林景观中最具动态特征的元素。水的外在特性是随着水体容器的变化而变化的，所以水体具有可塑性。水体有动水和静水之分。静有安详，动有灵性。

（三）光影在园林景观设计中的地位

人工光影或是幽暗错落，或是明媚四射，或是迷离朦胧。对于光来说，它主要分为大自然所赐予的光和人通过主观能动性制造出的光。大自然赋予的光，如月光、阳光，总能给我们许多灵感。人造光总能填补自然光的缺陷，营造不同凡响的艺术效果。对于影来说，其魅力也是无穷无尽的，类似一处宝藏，我们总能在其中发现一丝感动。

现代园林景观设计非常重视给人以立体视觉感受的造型艺术。为了营造这种立体的视觉感受，设计者在园林景观设计的过程中，就应该科学地利用光与影。可以借助阳光的照射角度来营造这种光影关系，也可以利用玻璃以及水流等透明、通透的媒介营造一种立体光影的视觉艺术效果。

二、硬质要素

（一）园林铺地

园林铺地是用各种材料进行地面的铺砌装饰，其形式可分为七类：规则式铺地、不规则式铺地、其他形状铺地、嵌草铺地、带图案的铺地、彩砖铺地、砂石铺地。

园林道路在园林环境中具有分割空间和组织路线的作用，并且为人们提供了良好的休息和活动场所，还直接创造了优美的地面景观，给人以美的享受，增强了园林艺术的效果。

园林中的道路有别于一般的交通道路，其交通功能从属于游览的要求，虽然也利于人流疏导，但并不以取得捷径为准则。

园林铺地在园林景观中具有以下几点作用：第一，引导作用，地面被铺装成带状或某种线性时，就构成园路，它能指明方向，组织风景园林序列，起着无声的导游作用；第二，调节游览的速度和节奏；第三，园林铺地是整个园林不可缺少的一部分，因此铺地参与园林景观的创造。铺地是园林景观设计的一个重点，尤其以广场设计表现突出。

（二）墙体

过去，墙体多采用砖墙、石墙，虽然古朴，但与现代社会的步伐已不协调。蘑菇石贴面墙的出现受到广大群众的青睐。墙体材料有很大改观，其种类也变化多端，有用于机场的隔音墙，用于护坡的挡土墙，用于分隔空间的浮雕墙等。另外，现代玻璃墙的出现可谓一大创作，因为玻璃的透明度比较高，对景观的创造起很大的促进作用。随着时代的发展，墙体已不单是一种防卫象征，更多的是一种艺术感受。

（三）小品

建筑小品一般是指体型小、数量多、分布广，功能简单、造型别致，具有较强的装饰性，富有情趣的精美设施。园林建筑小品是园林景观设计的重要组成部分，起着组织空间、引导游览、点景、赏景、添景的作用，如雕塑、座椅、电话亭、布告栏、导游图等。

园林小品体量小巧，造型别致，富有特色，并讲究适得其所。在园林中既能美化环境，丰富园趣，又能使游人从中获得美的感受和美的熏陶。设计创作时可以做到"景到随机，不拘一格"，在有限空间得其天趣。

景观小品分为服务小品、装饰小品、展示小品、照明小品。服务小品有供人休息、遮阳用的廊架、座椅，为人服务的电话亭、洗手池等，为保持环境卫生的废物箱等。装饰小品包括绿地中的雕塑、铺装、景墙、窗等。展示小品包括布告栏、导游图、指路标牌等，起到一定的宣传、指示、教育的功能。照明小品包括草坪灯、广场灯、景观灯等灯饰小品。

第二节　园林景观的设计流程

一、前期调查研究工作

同其他设计工作一样，在进行园林景观设计之前，要开展充分的调查研究工作，对规划范围内的地形、水体、建筑物、植物、地上或地下管道等工程设施进行调查，并做出评价。

规划者应对以下方面进行调查。

（一）建设单位的调查

了解建设单位的性质、具体要求、经济能力和管理能力。

（二）社会环境的调查

了解城市规划中的土地利用、交通、电讯、环境质量、当地法律法规等相关内容。

（三）对历史人文等进行调查

如地区规模、历史文物、当地居民的生活习惯、历史传统等。

（四）对用地现状进行调查

如地形、方位、建筑物、可以保留的古树、土壤、地下水位、排水系统等。

（五）对自然环境的调查

如对气温、日照天数、结冰期、地貌地形、水洗、地质、生物、景观等内容。

（六）规划设计图纸的准备

如现状测量图、总体规划图纸、技术设计测量图纸、施工所需测量图。

资料的选择、分析和判断是规划的基础。把收集到的上述资料做成图表，从而在一定方针指导下进行分析、判断，选择有价值的内容。随地形、环境的变化，勾画出大体的骨架，进行造型比较，决定大体形势，作为规划设计参考。对规划本身来说，不一定把全部调查资料都用上，但要把最突出、著名、效果好的整理出来，以便利用。在分析资料时，要着重考虑采用性质差异大的资料。

二、编写设计大纲工作

计划大纲是园林景观设计的指示性文件。明确设计的原则包括以下几个方面。

第一，明确该项目在该地的地位和作用，还有地段特征、四周环境、面积大小和游人容纳量。

第二，设计功能分区和活动项目。

第三，确定建筑物的项目、容纳量、面积、高度建筑结构和材料的要求。

第四，拟定规划布置在艺术、风格上的要求，园内公用设备和卫生要求。

第五，做出近期、远期的投资以及单位面积造价的定额。

第六，制定地形、地貌的图表，水系处理的工程计划。

第七，拟出园林分期实施的程序。

三、总体设计方案

在充分熟悉规划地区的资料之后，就进入了设计总体方案的阶段，对占地条件、占地特殊性和限制条件等分析，定出该地区的规模。

功能图是指组织整理和完成功能分区的图画。也就是按规划的内容，以最高的使用效率合理组合各种功能，并以简单的图画形式表示，合理组织功能与功能的关系。

园林绿地面积较大，地面现状较复杂，可将图号等大的透明纸的现状地形地貌图、植物分布图、土壤分布图、道路及建筑分布图，层层重叠在一起，以便消除相互之间的矛盾，做出详细的总体规划图。

总体设计方案阶段，需做出如下内容。

（一）位置图

要表现该区域在城市中的位置、轮廓、交通和四周街坊环境关系，利用园外借景，处理好障景。

（二）现状分析图

根据分析后的现状资料分析整理，形成若干空间，对现状做综合评述。可用圆圈或抽象图形将其表示出来。在现状图上，可分析该区域设计中有利和不利因素，以便为功能分区提供参考依据。

（三）功能分区图

根据规划设计原则和现状分析图确定该区域分为几个空间，使不同的空间反映不同的功能，既要形成一个统一整体，又要反映各区内部设计因素间的关系。

（四）总体设计方案平面图

根据总体设计原则、目标，总体设计方案平面图应包括以下内容：第一，场地与周围环境的关系：界线、保护界线、面临街道的名称、宽度；周围主要单位名称或居民区等；与周围园界是围墙或透空栏杆要明确表示；第二，场地主次出入口位置、道路、内外广场、停车场；第三，场地的地形总体规划、道路系统规划；第四，场地建筑物、构筑物等布局情况，建筑平面要能反映总体设计意图；第五，场地植物设计图；第六，准确标明指北针、比例尺、图例等内容。

（五）竖向规划图／地形设计图

地形是全园的骨架，要求能反映场地的地形结构。第一，根据规划设计原则以及功能分区图确定需要分隔遮挡成通透开敞的地方；第二，根据设计内容和景观需要，绘出制高点、山峰、丘陵起伏、缓坡平原和小溪河湖等陆地及水体造型；水体要标明最高水位线、常水位线和最低水位线；第三，注明入水口、排水口的位置（总排水方向、水源以及雨水聚散地）等；第四，确定园林主要建筑所在地的地坪标高，桥面标高，各区主要景点、广场的高程以及道路变坡点标高；第五，标明场地周边市政设施、马路、人行道以及邻近单位的地坪标高，以便确定场地与四周环境之间的排水关系；用不同粗细的等高线控制高度及不同的线条或色彩表示出图面效果。

（六）道路系统规划图

道路系统规划图可协调修改竖向规划的合理性，内容包括：第一，确定主次出入口、主要道路、广场的位置和消防通道的位置；第二，确定主次干道等的位置、各种路面的宽度、排水坡度（纵坡、横坡）；第三，确定主要道路的路面材料和铺装形式。在图纸上用虚线画出等高线，再用不同粗细的线条表示不同级别的道路和广场，并标出主要道路的控制标高。

（七）绿化规划图

根据规划设计原则、总体规划图及苗木来源等情况，安排全园及各区的基调树种，确定不同地点的密林、疏林、林间空地、林缘等种植方式和树林、树丛、树群、孤立树以及花草栽植点等。还要确定最好的景观位置（透视线的位置），应突出视线集中点上的树群、树丛、孤立树等。图纸上可按绿化设计图例表示，树冠表示不宜太复杂。

（八）园林建筑规划图

要求在平面上反映出建筑在园林总体设计中的布局和各类园林建筑的平面造型。除平面布局外，还应画出主要建筑物的平面图、立面图，以便检查建筑风格是否统一，与景区环境是否协调等。

四、局部详细设计阶段

技术设计也称为详细设计，是根据总体规划设计要求进行局部的技术设计。它是介于总体规划与施工设计阶段之间的设计。

公园出入口设计包括：建筑、广场、服务小品、种植、管线、照明、停车场。各分区设计包括：主要道路、主要广场的形式；建筑及小品、植物的种植、花坛、花台面积大小、种类、标高；水池范围、驳岸形状、水底土质处理、标高、水面标高控制；假山位置面积造型、标高、等高线；地面排水设计；给水、排水、管线、电网尺寸；施工方式。另外，根据艺术布局的中心和最重要的方向，做出断面图或剖面图。

五、施工设计阶段

根据已批准的规划设计文件和技术设计资料的要求进行设计。要求在技术设计中未完成的部分都应在施工设计阶段完成，并做出施工组织计划和施工程序。在施工设计阶段要做出施工总图、竖向设计图、道路广场设计、种植设计、水系设计、园林建筑设计、管线设计、电气管线设计、假山设计、雕塑设计、栏杆设计、标牌设计；做出苗木表、工程量统计表、工程预算表等。

（一）施工总图（放线图）

表明各设计因素的平面关系和它们的准确位置。标出放线的坐标网、基点、基线的位置，其作用一是作为施工的依据；二是作为平面施工图的依据。

图纸包括如下内容：

现有的建筑物、构筑物和主要现场树木；设计地形等高线、高程数字、山石和水体；园林建筑和构筑物的位置；道路广场、园灯、园椅、果皮箱；放线坐标网做出工程序号、透视线等。

（二）竖向设计图（高程图）

用于表明各设计因素的高差关系。例如，山峰、丘陵、高地、缓坡、平地、溪流、河湖岸边、池底、各景区的排水方向、雨水的汇集点及建筑、广场的具体高程等。

图纸包括如下内容：

1. 平面图

依竖向规划，在施工总图的基础上标示出现状等高线、坡坎、高程；设计等高线、坎坡、高程等；设计的溪流河湖岸边、河底线及高程、排水方向；各景区园林建筑、休息广场的位置及高程；挖方填方范围等。

2. 剖面图

主要部位的山形、丘陵坡地的轮廓线及高度、平面距离等。注明剖面的起讫点、编号与平面图配套。

（三）道路广场设计

主要表明园内各种道路、广场的具体位置，宽度、高程、纵横坡度、排水方向；路面做法、结构、路牙的安装与绿地的关系；道路广场的交接、拐弯、交叉路口、不同等级道路的交接、铺装大样、回车道、停车场等。

图纸包括如下内容：

1. 平面图

依照道路系统规划，在施工总图的基础上，用粗细不同的线条画出各种道路广场、台阶山路的位置。为主要道路的拐弯处注明每段的高程，纵横坡度的坡向等。

2. 剖面图

比例一般为 1 : 20。首先画一段平面大样图，标示路面的尺寸和材料铺设方法，然后在其下方做剖面图，标示路面的宽度及具体材料的拼摆结构（面层、垫层、基层等）、厚度、做法。每个剖面都编号，并与平面图配套。

（四）种植设计图（植物配植图）

主要表现树木花草的种植位置、品种、种植方式和种植距离等。

图纸包括如下内容：

1. 平面图

根据树木规划，在施工总图的基础上，用设计图例画出常绿树、阔叶落叶树、针叶落叶树、常绿灌木、开花灌木、绿篱、灌木篱、花卉、草地等的具体位置，还有品种、数量、种植方式、距离等。至于如何搭配，同一幅图中树冠的表示不宜变化太多，花卉绿篱的表示也应统一。针叶树可加重突出，保留的现状树与新栽的树应区别表示。复层绿化时，可用细线画大乔木树冠，但不要冠下的花卉、树丛花台等。树冠尺寸大小以成年树为标准，树种名、数量可在树冠上注明，如果图纸比例小，不易注字，可用编号的形式，在图旁要附上编号树种名、数量对照表。成行树要注上每两株树距离，同种树可用直线相连。

2. 大样图

重点树群、树丛、林缘、绿篱、花坛、花卉及专类园等，可附大样图，比例用 1 : 100。要将组成树群、树丛的各种树木位置画准，注明品种数量，用细线画出坐标网，注明树木间距。在平面图上方做出立面图，以便施工参考。

（五）水系设计图

表明水体的平面位置、水体形状、大小、深浅及工程做法。

图纸包括如下内容：

1. 平面位置图

依竖向规划以施工总图为依据，画出泉、小溪、河湖等水体及其附属物的平面位置。用细线画出坐标网，按水体形状画出各种水的驳岸线、水底线和山石、汀步、小桥等的位置，并分段注明岸边及池底的设计高程。最后用粗线将岸边曲线画成折线，作为湖岸的施工线，用粗线加深山石等。

2. 纵横剖面图

水体平面及高程有变化的地方都要画出剖面图，通过这些图表示出水体的驳岸、池底、山石、汀步及岸边处理的关系。

3. 进水口、溢水口、泄水口大样图

如暗沟、窖井、厕所粪池等，还有池岸、池底工程做法图。

4. 水池循环管道平面图

在水池平面图的基础上，用粗线将循环管道走向、位置画出，标明管径、每段长度、标高以及潜水泵型号，并进行简单说明，确定所选管材及防护措施。

（六）园林建筑设计图

表现各景区园林建筑的位置及建筑本身的组合、尺寸、式样、大小、高矮、颜色及做法等。

例如，以施工总图为基础，画出建筑的平面位置、建筑底层平面、建筑各方向的剖面、屋顶平面、必要的大样图、建筑结构图及建筑庭园中活动设施工程、设备、装修设计。画这些图时，可参考建筑制图标准。

（七）管线设计图

在管线规划图上，标示上水（消防、生活、绿化用水）、下水（雨水、污水）、暖气、煤气等各种管网的位置、规格、埋深等。

1. 平面图

在种植设计图上，标示管线机各种井的具体位置、坐标，并标明每段管的长度、管径、高程以及如何接头等，每个井都要有编号。原有干管用红色或黑色细线表示，新设计的管线机检查井，则用不同符号的黑色粗线表示。

2. 剖面图

画出各号检查井，用黑粗线表示井内管线及截门等交接情况。

（八）电气管线设计图

在电气规划图上，将各种电器设备、绿化灯具位置及电缆走向位置标示清楚。在种植设计图上，用粗黑线表示出各路电缆的走向、位置及各种灯的灯位及编号、电源接口位置等。注明各路用电量、电缆选型敷设、灯具选型及颜色要求等。

（九）假山、雕塑、核杆、路步、标牌等小品设计图

做出山石施工模型，便于施工掌握设计意图，参照施工总图及水体设计画出山石平面图、立面图、剖面图，注明高度及要求。

（十）苗木统计表及工程量统计表

苗木统计表包括编号、品种、数量、规格、来源、备注等，工程量包括项目、数量、规格、备注等。

（十一）设计工程预算

包括土建部分（按项目估计单价，按市政工程预算定额中的园林附属工程定额计算出造价）和绿化部分（按基本建设材料预算价格制出苗木单价，按建筑安装工程预算定额的园林绿化工程定额计算出造价）。

第三节　园林景观设计流程的美学特色

城镇化是我国现代化建设的历史任务。对年轻的景观设计师来说，景观设计将迎来前所未有的发展机遇。提高城镇化景观设计质量、设计与艺术美学的完美结合，是未来城镇化景观设计研究的主要课题之一。随着人们生活水平的不断提高，人们对设计所带来的外观视觉有了更多美感的需求与渴望。艺术美学已经成为现代设计理论中十分重要的实践范畴。景观设计作为城镇化中一个重要的组成部分，兼容了建筑、环境、人的关系。

一、现代景观设计的主流艺术美学观点

现代景观设计缘起蒸汽机的发明带来的产业革命，产业革命使农业社会过渡到了工业社会。人类从自然界掠夺性开发，将传统的人与自然的亲和关系转变为对立，导致了自然环境的恶劣。一些有识之士开始致力于自然保护。在后工业化的今天，城镇化的景观设计已不再局限于建筑群体，正在发展成涉及广泛学科的新兴综合性专业。建筑、园林、地理、规划、生态、环保、物理、化学、经济、历史、艺术等领域，你中有我，我中有你，彼此关系密不可分。其核心是改善人与自然的关系，强调遵从自然法则，重视治理污染。还城市一片净土，达到天、地、人的统一。从客观规律看，现代景观设计的主流艺术美学观点已经与中国传统的景观设计美学思想达成了一致。

二、现代景观设计与艺术美学体现的公共性

由于景观设施处于公共场所的展览需要、移动互联网高速发展背景下大众口味多元化以及公众话语传播的积极参与，景观设计逐渐承担了社会职责，景观设计师们要了解其公共的艺术美学内涵。

首先，从景观设计功能、大众传播角度来说。以现代化城镇街道景观设计为例，街道是城市景观设计公共开放的一部分。现代主义的景观设计街道仅注重了交通的功能性。今天人们已经认识到，一个城市的街道网络体现着这个城市的外在形象，它具有艺术美学的适宜性。

其次，从心理需求、审美需求来讲，街道景观的设计要有地域的识别性、文化性。随着人们生活水平的日益提高，旅游业、休闲业都发展起来了，更加需要景观设计突出地域特色。例如，德国"啤酒城"慕尼黑，形成了街道、广场等公共地标性景观设计。不仅满足了旅游休闲的现代人的心理审美，给予了其心理依赖，也提升了城市文化品味和艺术层次，成为最具特色的城市特征之一。拉近了人与景观之间的距离，吸引了各地的人们来此游览、漫步、休息或驻足，令人愉悦流连、难以忘怀。

总之，通过以景观设计为视角的城镇化艺术美学研究，人们了解到其总体发展趋势和现代理论方向。大工业时代，城镇化景观设计具有广阔的应用前景。景观设计不仅具有多元的公共性，而且已经成为当代的公共艺术，开始承担起展示地域性艺术美的重要角色。在全球化的视野下，现代景观设计师们正在通过科学合理的方式方法，一边吸收消化传统艺术美学精华，一边发展创新地方特色品牌。致力于传统的、地域的与后现代艺术美学的融合，实现人与自然和谐相处，建设美丽中国已经成为年轻景观设计师们的崇高使命。

三、现代园林景观设计中的美学应用

景观就是人和环境之边际存在的美，其本质是一种人和环境之边际的文化信息。美的本质是主体尺度和自然形式的统一，是一种范围更大的国际文化信息。美可分为社会美、自然美和艺术美，凡是在人和环境之边际存在的部分都属于景观美的范畴。现今在园林景观设计中，艺术美学的运用是相当灵活与突出的，人们对园林景观在美学的评断上有着越来越高的眼光与要求，这就需要园林景观设计者在设计中充分运用现代美学引领大众审美。而设计美感的关键在于布局的完整合理、对称与平衡元素的运用和排列节奏与韵律等章法方面。实现以上几个设计关键点的合理运用，才能在符合美学标准的情况下，给人们带来良好的视觉体验。

（一）视觉元素运用

园林景观设计艺术需要保证其艺术性能在视觉上给予人们足够丰富的审美享受。同时，巧妙地运用视觉元素能很好地提升景观设计的美感，植物与动物，甚至假山建筑的不同形态能给人不同的感受。在中国传统文化背景下，如植被中的松树能给人苍劲挺拔的感受，梅花有高雅的冷艳之感。景观设计巧妙地运用每一种视觉元素，让各种元素相互配合达到和谐的效果，使园林景观整体给人以不同的视觉享受。在园林景观中适当地增添一潭池水与小水车，修一道小桥或一座小凉亭等景物元素，就能给人耳目一新的感受，在增添浓浓诗情画意的同时，提升了设计的韵味美感。动物方面，水中饲养的锦鲤、野鸭或天鹅，林中的布谷鸟和喜鹊，都能为园林景观设计增加无限生机。一座园林的面积和空间是有限的，为了扩大景物的深度和广度，丰富游赏的内容，除了运用多样统一、迂回曲折等造园手法外，造园者还常常运用借景的手法，收无限于有限之中。园林景观中的借景元素有收无限于有限之中的妙用，借景分近借、远借、邻借、互借、仰借、俯借、应时借七类。其方法通常有开辟赏景透视线，去除障碍物；提升视景点的高度，突破园林的界限；借虚景等。借景内容包括借山水、动植物、建筑等景物；借人为景物；借天文气象景物等。例如，北京颐和园的"湖山真意"远借西山为背景，近借玉泉山，在夕阳西下、落霞满天时赏景，景象曼妙，有意识地把园外的景物"借"到园内视景范围中。借景是中国园林艺术的传统手法。

（二）色彩元素

作为美学应用中最具有代表性的一类元素，色彩的使用在园林设计中能给人以最鲜明和直接的感受，不同的色彩结合能使人产生不同的心理效应。属于暖色系而明亮的颜色会让人感到热情洋溢和温暖，如红、黄、橙等，这一类颜色通常会运用于喜庆的场合，用以营造热闹欢乐的氛围；以蓝青色为主的冷色系就会给人一种庄严、安静的感觉，这一类颜色常用在比较正式而严肃的场合；绿色给人的感受是充满生机与赏心悦目的，并且能舒缓视觉的疲劳，在园林景观设计中，绿色的运用是必不可少的，大片的绿色植被与点缀的花朵颜色形成鲜明对比，给人一种清爽愉悦的感受，还能增添整体效果的层次感与立体感。

（三）升华景观意境

园林景观设计不仅要尽力使景观的外在自然、美观、和谐，更要注重设计中使用的元素细节体现出某种价值与底蕴，这就要求设计师在项目设计时注重意境的营造，使园林作品充分体现出要表达的意境。将景物与地域文化有机结合，可以利用描写景物的诗句增添园林景观设计的诗境，把诗的思想在园林景观中表现出来。尽量使用可以让人联想到诗句的植物与景物，让景观作品充满人文生命气息和艺术性。如诗如画的景色，富有意韵的生活园景，能使人们观赏美景时陶醉其中，甚至还能让作者与自然产生共鸣。

（四）实现生态美

生态美传达出的艺术信息包括人与自然和谐相处的理念、节约资源可持续发展的相关发展原则。在进行园林景观设计时，要充分体现出设计师对自然的尊重、对资源的节约、对生态环境的爱护等理念。设计中可以运用多种景物元素，包括动植物的应用，确保园林景观中的能量是循环与流动的，在有效利用空间的同时，有机地节约能源，并且提高园林景观的层次感。在动植物元素的选择方面，要选择当地的物种，避免外来生物入侵造成环境的破坏，同时避免了非本地动植物由于无法适应当地环境造成的无法生存的情况。

（五）从质朴中体现美感

质朴是园林景观设计的一个常用元素，景观设计中自然、质朴、简单的美感留给人们想象的空间。质朴元素的充分发挥与体现，应注意各个设计元素的和谐统一，从各个角度加以细化与雕琢，使之具有平淡自然而富有现代艺术气息的美感。现代优秀园林景观作品中有许多具有代表性的实例，如色彩与建筑线条都不算十分饱满的杭州西湖，运用各个景物相互配合的特点，使之达到了一种和谐之美，每处景致的错落浑然天成，使人对西湖美景流连忘返。另外，日本的园林山水，以质朴的卵石等与植被营造，以小见大，反映对生命的哲思。

（六）靠水体转化自然

园林景观中对植物、山水等元素的设计能很好地体现人与自然和谐相处的理念，因此对水体进行恰到好处的运用，能为园林景观增添亮色，给人眼前一亮的感觉。设计时应突出水体的动态与静态的美感，声效与光效相结合，使水体与周围景物自然、和谐地结合起来。

（七）点、线、面的有机结合

艺术的特点就是可以将每一种图形简化为点、线、面的结合，园林景观设计同样不可缺少点、线、面的元素。将景物的线条简化，并且相互联系起来，使之能合理、和谐，在有序中不乏灵动，是园林景观设计要追求的结果，使各种不同景物的结合给人一种美感。植物、假山、凉亭、雕塑等元素都可以简化为一个个具有美化效果的点，这些点的存在是具有聚集性的，单独存在时能吸引人们欣赏的目光，母体重复分布时又能给整个园林设计以节奏韵律的美感。在线的运用上，可以将道路、栏杆、长廊等简化为一条条的线，它们的长短、粗细、曲直都能对视觉的美感产生影响。在园林景观设计中，线的运用可以是错落有致的，这样能给人一种不死板、不僵硬的视觉美感，使整个园林景观充满灵动性。在面的运用上，为了避免产生过于空旷、单调的错觉，在设计上可以采取不同花纹图案的填充，或各种不同形状、不同比例的组合，或使用喷泉、雕塑、植物等将一些单调的水面、地面等进行适当修饰，以使整个园林的设计饱满和丰富起来，避免乏味的内容，给人一种视觉上的享受。大的块面构成要确保景物与景物之间有可以进行连接与走动的路径，以方便工作人员对其进行打理，避免路径不相通造成部分景观易被破坏的现象。

在园林景观设计中，不仅要注意各类景物元素的使用，还要运用美学原则使局部环境与整体环境相互融合，做到整体的和谐与统一，并且给予人们想象得以发挥的空间。因此，需要园林设计师终身学习，不断更新与丰富自己的设计理念，提升设计技能，提高艺术水平，并且将自身所学灵活运用到设计中。在设计时要注意能源的循环利用，做到人与自然和谐相处，体现可持续发展的观念，实现生态美，灵活运用水体转化自然，提高整体设计的灵动性与生机。同时，将点、线、面有机结合，灵活使用色彩元素和视觉元素，注重景观意境的升华，从平淡中提升美感，使景物之间自然结合，避免生硬与不和谐。设计时要使整体设计效果具有层次感与立体感，使人们拥有更和谐而美观的生活环境的同时，营造一种有韵味的生活园景，提高人们的生活质量，提高园林景观设计的水平，促进园林景观设计学科的发展与进步。

第三章 园林景观设计的布局

第一节 园林景观设计的依据与原则

一、现代园林景观设计的依据

园林设计的目的不仅是使园林风景如画，还应该遵循人的感受，创造出环境舒适、健康文明的游憩境域。园林景观设计不仅要满足人类精神文明的需要，还要满足人类物质文明的需要。园林是反映社会艺术形态的空间艺术，园林要满足人们的精神文明的需要；园林又是现实生活的实境，所以还要满足人们娱乐、游憩等物质文明的需要。

园林景观设计需要遵循自己的依据，只有这样才能从立体的、全方位的角度进行园林艺术创作。

（一）园林景观设计应首要遵循科学依据

在任何园林艺术创作的过程中，要依据有关工程项目的科学原理和技术要求进行。例如，在园林设计中，要结合原地形进行园林的地形和水体规划。设计者必须详细了解该地的水文、地质、地貌、地下水位、土壤状况等资料。如果没有翔实资料，务必补充勘察后的有关资料。

可靠的科学依据为地形改造、水体设计等提供了物质基础，为避免产生塌方、漏水等事故提供了保障。

此外，种植花草、树木等要依据植物的生长要求，根据不同植物的喜阳、耐阴、耐旱、怕涝等不同的生态习性进行配置。违反植物生长的科学规律将导致种植设计的失败。

植物是园林要素的重要组成部分，而且作为唯一具有生命力特征的园林要素，能使园林空间体现生命的活力，富于四时的变化。植物景观设计是 20 世纪 70 年代后期有关专家和决策部门针对当时城市园林建设中建筑物、假山、喷泉等非生态体类的硬质景观较多的现象再次提出的生态园林建设方向，即要以植物材料为主体进行园林景观建设，运用乔木、灌木、藤本植物以及草本等素材，通过艺术手法，结合考虑各种生态因子的作用，充分发挥植物本身的形体、线条、色彩等自然美，创造出与周围环境相适宜、相协调并表达一定意境或具有一定功能的艺术空间，供人们观赏。

园林建筑、园林工程设施也需要遵循科学的规范要求。园林设计关系到科学技术方面的很多问题，有水利、土方工程技术方面的，有建筑科学技术方面的，有园林植物方面的，甚至还有动物方面的生物科学问题。因此，园林设计首先要有科学依据。

（二）园林景观设计要依据社会需要

园林属于上层建筑范畴，它要反映社会的意识形态，满足广大群众的精神与物质文明建设的需要。

现代园林是改善城市四项基本职能中游憩职能的基地。因此，现代园林景观设计者要体察广大人民群众的心态，面向大众，面向人民，了解他们对公园开展活动的要求，创造出能满足不同年龄、不同兴趣爱好、不同文化层次游人的需要。

（三）园林景观设计要依据功能要求

园林景观设计者要根据广大群众的审美要求、活动规律、功能要求等方面的内容，创造出景色优美、环境卫生、情趣健康、舒适方便的园林空间，满足人们精神方面的需求，满足游人的游览、休息和开展健身娱乐活动的功能要求。

园林空间应当具有诗情画意，处处茂林修竹、绿草如茵、山清水秀，令人流连忘返。不同的功能分区要选用不同的设计手法。例如，儿童活动区就要求交通便捷，靠近出入口，并结合儿童的心理特点设计出颜色鲜艳、空间开阔、充满活力的景观气氛。

（四）经济条件是园林景观设计的要点

经济条件是园林设计的重要依据。同样一处园林绿地，甚至同样一个设计方案，采用不同的建筑材料、不同的施工标准，将会有不同的建园投资。当然，设计者应当在有效的投资条件下发挥最佳设计技能，节省开支，创造出最理想的作品。一项优秀的园林作品，必须做到科学性、艺术性和经济条件、社会需要紧密结合，相互协调，全面运筹，争取达到最佳的社会效益、环境效益和经济效益。

二、现代园林景观设计的原则

园林景观设计对城市及人居生态环境的改善有着举足轻重的作用，但目前还存在很多弊端，很多研究者和设计者只局限于其科学性和艺术性的方面进行研究和设计，忽视了正确、全面的思想准则。因此，在进行园林景观设计的过程中，有必要寻求正确、全面的思想准则，以便规划园林景观设计的尺度。

（一）遵循科学性与艺术性原则

园林景观设计要遵循科学性与艺术性完美结合的原则，中国古典园林是科学与艺术完美结合的典范，外国园林中修葺整齐的树木和排列整齐的喷泉也体现了科学与艺术完美的结合。

中国人对景观的欣赏不单从视觉考虑，而要求"赏心悦目"，要求"园林意味深长"。可见，无论是城市环境还是园林景观都要强调科学与艺术结合的综合性的功能。

（二）遵循以人为本原则

现代园林景观设计应遵循以人为本的原则。人类对于美好生活环境的追求，是园林景观设计专业存在的重要原因。

社会的发展非常重视对人的尊重，园林设计者提出"以人为本"的设计原则。园林景观的营造是着力于人的行为与心理需要，注意到人的健康需求，引入遵从自然的生态设计理念，努力创造良好的人居环境。

现代园林景观已经不只是公共场所，它已经涉及人类生活的方方面面，虽然园林景观的设计目的不同，但园林景观设计最终关系到为人类创造室外场所。为普通人提供实用、舒适、精良的设计是景观设计师追求的境界。

（三）遵循生态原则

园林景观设计应遵循生态原则。随着人们环境保护意识的增强，对园林景观的要求开始逐步向生态方向发展。在园林景观设计中，追求生态目标也与构建生态型社会的目标一致，因而遵循生态原则成为园林景观设计的原则之一。

园林景观设计是对户外空间的生态设计，但从根本上说应该是人类生态系统的设计。因此，再生、节能等理念的实施成为构建生态型园林景观的必备要素，从而实现生态环境与人类社会的利益平衡和互利共生。

片面追求传统的视觉效果或对资源进行掠夺式开发显然不符合如今对园林景观设计生态原则的要求。追求资源的循环利用，推行生态设计，达到人与自然的和谐共生，才是如今实现生态环境与人类社会互利共生的必备之路。

遵循生态原则在园林景观设计的过程中贯彻低碳、环保概念，减少高碳能源的消耗，从而达到经济社会发展与生态环境保护的和谐发展。

追求生态保护、注重生态恢复，并应用于实践，是园林景观设计的一种原则，也是园林景观设计者们的一种职业精神。

（四）遵循经济原则

园林景观设计应遵循经济原则。建设集约型社会的重点就在于如何在投资少的情况下做更多的事情，就是人们常常说的"事半功倍"，这也是园林景观设计需要遵循的经济原则。

经济原则的实施，可以从园林布局、材料的使用、园林景观的管理三方面掌握。从园林布局方面看，应充分利用地形，有效划分和组织园林景观的区域，因地制宜，利用地形的基础设计组成园林景观的因素。在设计的过程中，应尽可能地利用原有的自然地形，对土地进行设计，从而减少经费并具有设计的美感。澳大利亚珀斯克莱蒙特镇沿河道路重建项目，因为是重建，按照原有的布局及设备进行合理地改造和修整，既实现了如今的设计感，又达到了项目的经济合理性目的。项目通过有效地区分园地并充分地使用园地面积，从而达到经济的要求。从材料的使用方面看，节省材料、多种植物是遵循经济原则的主要办法。另外，造园材料的优良并不取决于材料的名贵，而取决于材料是否适合于整个造园活动，并且能够恰当地体现园林的优美与富有情趣。只要设计恰当，使用物美价廉的材料更能体现园林景观的美。当然，在此过程中不能盲目追求价格低廉，材料的质量是需要考虑的首要问题。

（五）遵循美观原则

园林景观设计应遵循美观原则。有学者认为，美学对人类审美发展提出过这样的理论：人类与自然界建立了从功利的关系到审美的关系。功利主要是对广大人群和社会有益的功利，属于有利的就会引起人们的好感和赞美。

欣赏野外的青山绿水和园林中花草树木的美，成为人类精神生活的需要。人们在洋溢着美的境地中得到更好的休息、娱乐，生活的趣味得以提高，情操得到陶冶，有助于身心的健康成长。这样看来，美对人们的生活不仅不是可有可无的，而且是精神生活上不能欠缺的营养。所以，人们不但需要安全、健康、方便的环境，也同样需要美的环境。人们在物质要求得到基本满足以后，精神要求就显得突出起来。

现代化建设表现为文化、科技的大进步，社会成员智力和精神修养水平的普遍提高，人们审美力的提高将对景观有更高的要求，如要求规划设计整体的和谐，其实就来自风格的统一、布局的完整和主题的彰显。

第二节 园林景观布局的形式与原则

一、现代园林景观布局的形式

园林景观布局的形式，一般可归纳为规则式、自然式和混合式三大类。

（一）规则式园林

规则式园林又称几何式园林，其特点是平面布局、立体造型，园中的各元素，如广场、建筑、水面等严格对称。规则式园林给人以庄严、雄伟的感觉，追求几何之美，且多以平原或倾斜地组成。在我国，北京的天坛、南京的中山陵都属于规则式园林的范畴。规则式园林有以下特征：

1. 地形地貌

平原地区的园林多以不同标高的水平面或较缓倾斜的平面组成，丘陵地区多以阶梯式的水平台地或石阶组成。

2. 水体

外形轮廓多采用整齐驳岸的几何形,园林水景的类型多以规整的水池、壁泉或喷泉组成。

3. 建筑

无论个体建筑还是大规模的建筑群，园林中的建筑多采用对称的设计，以主要建筑群和次要建筑群形式的主轴和副轴控制全园。

4. 道路广场

园林中的道路和广场均为几何形。广场大多位于建筑群的前方或将其包围，道路均以直线或折线组成的方格为主。

5. 植物

植物布置均采用图案式为主题的模纹花坛和花丛花坛为主，树木配置以行列式和对称式为主，并运用大量的绿篱、绿墙以区划和组织空间。树木整理修剪以模拟建筑体形和动物形态为主。

（二）自然式园林

自然式园林又称山水式园林。与规则式园林的对称、规整不同，自然式园林主要以模仿再现自然为主，不追求对称的平面布局，园内的立体造型及园林要素布置均较自然和自由。

我国古典园林多以自然式园林为主，无论大型的帝王苑囿和小型的私家园林。我国自然式山水园林，从唐代开始影响日本的园林，从18世纪后半期传入英国，从而引起欧洲园林对古典形式主义的革新运动。自然式园林有以下特征：

1. 地形地貌

平原地带地形自然起伏，多利用自然地貌进行改造，将原有破碎的地形加以人工修整，使其自然。

2. 水体

轮廓较为自然，岸通常为自然的斜坡，园林水景的类型以湖泊、瀑布、河流为主。

3. 建筑

不管是个体建筑还是建筑群，均采用不对称的布局，以主要导游线构成的连续构图控制全园。

4. 道路广场

园林中的空旷地和广场的轮廓为自然形的封闭性的空旷草地和广场，以不对称的建筑群、土山、自然式的树丛和林带包围。道路平面和剖面为自然起伏曲折的平面线和竖曲线组成。

5. 植物

自然式园林中的植物也多呈自然状态，花卉多为花丛，树木多以孤立树、树丛、树林为主，不用规则修剪的绿篱，以自然的树丛、树群、树带来区划和组织园林空间。

（三）混合式园林

混合式园林是指规则式、自然式交错组合，全园既没有对称布局，又没有明显的自然山水骨架，形不成自然格局。一般多结合地形，在原地形平坦处，根据总体规划需要安排规则式的布局。若原地形条件较复杂，具备起伏不平的丘陵、山谷、洼地等，则结合地形规划成自然式。类似上述两种不同形式规划的组合即为混合式园林。广州起义烈士陵园就是典型的混合式园林。

在现代园林景观中，规则式与自然式比例差不多的园林可称为混合式园林。在园林规划时，原有地形平坦的可规划成规则式，原有地形起伏不平，丘陵、水面多的可规划成自然式，树木少的可规划成规则式，大面积园林以自然式为宜，小面积以规则式较经济。四周环境为规则式宜规划成规则式，四周环境为自然式宜规划成自然式。

二、现代园林景观布局的原则

园林将一个个不同的景观元素有机组合成为一个完美的整体，这个有机统一的过程称为园林布局。如何把景观有机地组合起来，成为一个符合人们审美需求的园林，需要遵循一定的原则。

（一）注意园林布局的综合性与统一性

现代园林景观的形式由园林的内容决定，园林的功能是为人们创造一个优美的休息娱乐场所，同时在改善生态环境方面起重要的作用，然而如果只从单方面考虑，而不是从经济、艺术、功能三方面考虑的话，园林的功能很难得到体现。只有把园林的环境保护、文化娱乐等功能与园林的经济要求及艺术要求作为一个整体加以解决，才能实现创作者的最终目标。

除此之外，园林的构成要素也需要具有统一性。园林的构成要素包括地形、地貌、水体及动植物景观等，各元素缺一不可，只有将各个元素统一起来，才能实现园林景观布局的合理性和功能性。园林景观的构成要素也必须有张有合，富于变化。

（二）主题鲜明，主景突出

任何园林都有固定的主题，主题通过内容表现。在整个园林布局中，要做到主景突出，其他景观（配景）必须服从主景的安排，同时又要对主景起到"烘云托月"的作用。配景的存在能够"相得而益彰"时，才能对构图有积极意义。配景对突出主景的作用有两个方面：一是从对比方面来烘托主景，如平静的昆明湖水面以对比的方式来烘托丰富的万寿山立面；二是从类似方式来陪衬主景，如西山的山形、玉泉山的宝塔等以类似的形式来陪衬万寿山。

第三节 园林景观布局技术的美学特征表现

从人类社会文明发展的历史图景中来审视，不难发现现代景观设计中技术条件与美学特征的辩证关系。现代景观设计中技术条件与美学特征的辩证关系主要涵盖以下几点：第一，从人类文明的角度来讲，两者统一于人们的社会实践活动。离开了人，美学在任何层面都将成为无源之水、无本之木，如同一个失去了灵魂的躯壳。同时，作为人类生产实践的影子，技术条件本身将无法为美学层面的特征表现提供真实的养分，美学成就以及美学实践活动也将无从谈起。第二，对现代景观设计作品美学特征的表现是设计师或人民大众的创造性劳动的实践过程，它集独特的思维认知、情感表达和生命体验等于一身，具有不可复制性。技术条件与技术手段是作为无意识的机器而存在，是人们从事实践活动的工具和手段而已，其自身不具有任何创造力。第三，美学特征的定义来自人类的社会实践，共同的文化历史环境和社会生产实践是人们产生审美共识的基础所在，自发性的纯粹的对于美的认知不存在。从技术条件层面来讲，无论传统与现代，它都不具有独立发现美、创造美的能力。

技术条件为表现美学特征提供可能，同时对于现代景观设计美学特征的表现在很大程度上反映当时相关的景观技术条件。这是现代景观设计的技术条件与美学特征的辩证关系的现实性表现。

一、现代园林景观布局技术条件与美学特征

（一）技术条件表现美学特征

在现代景观设计中，技术条件不会完全取代设计师、艺术家和人民群众的艺术创作。但是，目前技术条件随着时代进步的步伐飞速发展，在极大地改变着人类的生产、生活方式的同时，重塑乃至创造着人类的历史文化形态。在现代景观设计中，当今的技术条件为设计者实现景观的美学特征表达提供了无数的可能性。技术条件本身并没有生命力和创造力，在现代景观设计的艺术创作实践中，它应与景观的美学特征表现完美地结合了起来。

（二）美学特征反映技术条件

毋庸置疑，现代景观设计的美学特征表现需要强大的技术条件做支撑，才能帮助其得以实现。与景观的美学特征表达相同，技术条件也具有鲜明的时代特征，并且对于时间和空间的感知更加直接与敏锐。

以南京证大喜玛拉雅中心一期景观设计为例，营造超脱都市喧嚣的高山流水的山水之城的美学意境，并使之贯穿于整个景观环境空间是喜玛拉雅中心景观设计的美学特征所在。AB地块作为概念形象的起源，其内涵表现以高山天池为依托。随后潺潺的溪流（CD地块）蜿蜒穿过田园村落，最终化喧嚣为平静，回归到竹林光塔中来（EF地块）。美学的概念主

线贯穿于三个阶段的项目中,三个不同的审美层次在这幅现代都市的山水画卷中依次展开。

"高密度城市"成了现代城市发展历程中的标志性特征。当今时代,绿色生态的概念被重新定义,并超越了技术本身的束缚。回归自然人文主义的传统,创造后现代背景下的中国城市的"高密度自然之城",既抒发了自然寄情于山水之间的人文情感,又将未来的高密度城市的自然特性融入现代社会的大众生活当中。

如何实现植物种植与整体山水环境的融合,烘托高山流水的主题气氛,是设计师依托技术手段打造审美意境的核心所在。

首先,塔楼建筑屋顶由于覆土、气候、风力等各种不利因素的限制,对于屋顶植物的选择也有很大的影响。所以,在屋顶种植的植物品种必须抗性强,能抵御各种不利的环境因素,黑松就是个不错的选择。黑松造型奇特优美,生长缓慢,寿命长,且抗干旱、抗风能力强,并且能抵御不良的环境因素。下木也选择一些易于成活、可以粗放管理的植物品种,如佛甲草、瓜子黄杨、麦冬、吉祥草、白花三叶草、中华景天以及八宝景天等。

其次,空中庭园由于建筑结构原因,分为高、中、低不同的三种类型。低层庭园空间主景乔木选用造型五针松。五针松为松科常绿针叶乔木,其植株较矮,生长缓慢,寿命长,姿态高雅,树形优美。五针松喜欢温暖湿润的环境,栽植土壤要求排水透气性好。下木适宜搭配结香、金边大叶黄杨等灌木,形成完美的观赏组团。中高层庭园宜选用黑松,其幼树树皮暗灰色,老则灰黑色、粗厚,枝条开展,树冠宽圆呈锥状或伞形,具有极佳的观赏性特点。可常年陈放在庭园阳台上的光照充足、空气流动之处。但在盛夏时节,不宜强光暴晒,冬季在向阳背风的环境下可露地越冬。下木适宜选种佛甲草、金边大叶黄杨、麦冬等灌木。在背阴、温暖潮湿的地方也可以局部种植点缀性的小部分苔藓。

最后,室内中庭的植物设计主要以耐阴的低矮草本为主,蕨类植物应是首选。它们有着特殊的柔美的姿态和叶形,可以创造出不同的景观效果。

二、现代园林景观布局美学特征表现类型

人们对景观设计的研究逐步深入并拓展开来,研究与实践成果丰硕,这对现代景观设计的美学特征表现有着积极而又深远的影响。进入21世纪以后,社会面貌在各个领域都经历了史无前例的巨大变化,科学技术突飞猛进,哲学思想和美学思想呈现出空前繁荣的景象,艺术思潮与艺术流派不断涌现。

时代的变迁不仅加快了现代景观设计在观念层面的进步,而且也加速了相关系统知识的更新,设计思想与方法的不断丰富,使得现代景观设计的美学特征表现在适应促进社会经济和相关科学技术发展的过程中掌握了主动性。这既符合学科发展变革的现实性需求,又适应了哲学层面事物发展的一般规律,同时也是现代景观设计实现自我发展、自我完善的最主要途径。

人的无穷的创造力、艺术的发展和科学技术的不断进步,这些都为表现景观美学特征

提供了无数种可能性。从根本角度出发，笔者将现代景观设计美学特征的表现概括性地总结为两种类型：美学主导型和技术主导型。

（一）美学主导型

在以美学为主导的现代景观设计美学特征的表现中，美学层面的颜色、造型、构成以及环境气氛的营造等方面是主要的表现对象，技术手段起到辅助性作用，两者相互补充，共同表现景观空间的美学特征。

在此类型的现代景观设计的美学特征表达中，景观元素的颜色、造型、构成方式以及空间气氛的营造等是整个景观空间最主要的表现对象，技术手段作为辅助，为实现整体美学效果起到支撑性的作用。这种类型的设计作品大多以体现地区的历史文化背景或者设计者的美学观点为出发点，重视人们的心理感受，在欣赏美景、感受空间美感的同时，容易让人产生强烈的认同感。

（二）技术主导型

在以技术为主导的现代景观设计美学特征的表现中，环境空间中的某些缺陷或者设计者对某种空间效果的追求需要较为强烈的技术表现手法来实现。设计师通过技术手段实现预期效果的同时，遵循美学原则和美学表达方式，使作品达到使用与美观相互结合的综合性美学效果，从而表达现代景观设计美学特征的个性特点，并且在该类型的设计作品中，技术手段和使用者之间往往带有一定的互动性。

三、因地制宜的适用性原则

在现代景观设计美学特征表现中，因地制宜的适用性原则包含美学特征的整体性、异质性、延续性和尺度观念等主要内容。设计者在充分研究场地及其周边环境和历史人文背景的情况下，通过相应的现代景观技术手段与其审美经验相结合，营造既最大化满足使用者功能需求又遵循审美价值规律的现代景观美学空间。

第一，在整体性方面。现代景观设计是一系列涉及生态系统、技术条件、审美表现和心理研究等层面的完整的系统工程，美学特征的表现贯穿在整个景观空间的有机体中，体现整体性的特点是现代景观设计美学特征的基本属性。

第二，根据不同地域的景观环境要素、技术处理手法和社会经济文化水平，现代景观设计的美学特征呈现出异质性特点，它包括空间的美学组成方式、景观形态的美学表达等相关内容。景观环境空间的异质性程度越高，其构成要素的不确定性特征越明显，也正是因此，不同的美学特征之间得以实现交流与融合。

第三，现代景观设计的美学特征表现了一个时代的文化、艺术成就和科学技术水平，其本身在不断继承前人成果的基础上具有较强的延续性，并且呈现出不断继往开来的发展趋势。

第四，在现代景观设计美学特征中，尺度的观念体现在时间和空间两个维度上的规律性、对应性的客体特征。同时，尺度性特征越明显时，景观环境的异质性特征越明显，并且其美学特征与周围环境表现出更加稳定的协调性。

第四章　园林工程施工技术

第一节　园林工程施工的基础认知

一、园林工程施工项目及其特点

（一）园林工程施工具有综合性

园林工程具有很强的综合性和广泛性，它不仅仅是简单的建筑或者种植，还要在建造过程中，遵循美学特点，对所建工程进行艺术加工，使景观达到一定的美学效果，从而达到陶冶情操的目的。园林工程中因为具有大量的植物景观，所以还要具有园林植物的生长发育规律及生态习性、种植养护技术等方面的知识，这势必要求园林工程人员具有很高的综合能力。

（二）园林工程施工具有复杂性

我国园林大多是建设在城镇或者自然景色较好的山、水之间，而不是广阔的平原地区，所以其建设位置地形复杂多变，因此，对园林工程施工提出了更高的要求。在准备期间，一定要重视工程施工现场的科学布置，以便减少工程期间对于周边生活居民的影响和成本的浪费。

（三）园林工程施工具有规范性

在园林工程施工中，建设一个普普通通的园林并不难，但是怎样才能建成一个不落俗套，具有游览、观赏和游憩功能，既能改善生活环境又能改善生态环境的精品工程，就成了一个具有挑战性的难题。因此，园林工程施工工艺总是比一般工程施工的工艺复杂，对于其细节要求也就更加严格。

（四）园林工程施工具有专业性

园林工程的施工内容较普通工程来说要相对复杂，各种工程的专业性很强。不仅园林工程中亭、榭、廊等建筑的内容复杂各异，现代园林工程施工中的各类点缀工艺品也各自具有其不同的专业要求，如常见的假山、置石、水景、园路、栽植播种等工程技术，其专业性也很强。这都需要施工人员具备一定的专业知识和专业技能。

二、园林工程建设的作用

园林工程建设主要通过新建、扩建、改建和重建一些工程项目，特别是新建和扩建，以及与其有关的工作来实现的。

园林工程施工是完成园林工程建设的重要活动，其作用可以概括为以下几个方面。

（一）园林工程建设计划和设计得以实施的根本保证

任何理想的园林建设工程项目计划，任何先进科学的园林工程建设设计，均需通过现代园林工程施工企业的科学实施，才能得以实现。

（二）园林工程建设理论水平得以不断提高的坚实基础

一切理论都来自实践，来自最广泛的生产实践活动。园林工程建设的理论自然源于工程建设施工的实践过程。园林工程施工的实践过程，是发现施工中的问题并解决这些问题，从而总结和提高园林工程施工水平的过程。

（三）创造园林艺术精品的必经之途

园林艺术的产生、发展和提高的过程，是园林工程建设水平不断发展和提高的过程。只有把经过学习、研究、发掘的历代园林艺匠的精湛施工技术及巧妙手工工艺，与现代科学技术和管理手段相结合，并在现代园林工程施工中充分发挥施工人员的智慧，才能创造出符合时代要求的现代园林艺术精品。

（四）锻炼、培养现代园林工程建设施工队伍的最好办法

无论是对理论人才的培养，还是对施工队伍的培养，都离不开园林工程建设施工的实践锻炼这一基础活动。只有通过实践锻炼，才能培养出作风过硬、技艺精湛的园林工程施工人才和能够达到走出国门要求的施工队伍。也只有力争走出国门，通过国外园林工程施工的实践，才能锻炼和培养出符合各国园林要求的园林工程建设施工队伍。

第二节　园林土方工程施工

一、施工前的准备工作

在园林土方工程施工前经常要先进行施工前的准备工作，为后续的土方施工打下基础。

（一）场地清理

场地清理是在土方施工范围内，将场地地面和地下的一些影响土方施工的障碍物进行清理。比如，一些废旧的建筑物的拆除，通信设备、地下建筑、水管的改建，已有树木的移植，池塘的挖填，等等。这些工作应由专业拆卸公司进行，但必须得到业主单位的委托。由于旧有的水电设施可能已经拆除或改建，因此，需要为土方施工修建临时的水电设施和临时道路。然后还要为施工材料和施工机械的进场做准备。

（二）排水

施工场地内一些坑坑洼洼部分会有积水，这将影响工程的施工质量，在开工之前，应

将这些积水排除,保持场地的干燥。在进行排水时,最好设置排水沟将水排到场外,而排水沟应设置在场地的外围,以免影响施工。如果施工区域的地形比较低,则还要修建挡水土坝,用来隔断雨水。

(三)定点放线

按照前期规划的设计图纸,在施工区域内利用测量仪器进行定点放线。定点放线工作能够确定施工区域以及区域内的挖填标高。测量时应保证数据的精确,不同的地形放线方法也不同。

1. 平整地形的放线

在平整场地内,应用经纬仪进行测设,在交点处设立桩木。对于边界处的桩木应严格按照设计图纸进行设置。桩木的下端应该削尖,这样容易钉入土中,并在桩木上标出桩号和标高。

2. 自然地形的放线

在自然地形上,应首先把施工设计图上的方格网测设到地面上,然后确定等高线和方格网的交点。接着将这些交点标到地面上,并在上面进行打桩,在装木上标明桩号和标高。为避免桩被填土埋在下面,桩的高度应高于填土的高度。对于较高的山体,一般采用分层放线。

挖湖工程的放线和山体的放线一般是差不多的,但挖湖工程的水体部分放线一般比较粗放。岸上的放线一般比较精确,因为这关系到水体边坡的稳定性。

在开挖槽时,打桩放线的方法就不适合了,一般采用龙门板。因为在开挖槽施工中,桩木容易移动,这将严重影响后期的校核工作,所测数据可靠度得不到保证。龙门板的构造相对简单,使用起来也比较方便。龙门板的设置间距应根据沟渠纵坡的情况确定。在板上要标清楚沟渠的中心线位置以及沟上口、沟底的宽度等。一般在龙门板上还会设置坡度板,用来控制沟渠的纵坡。

二、园林土方工程施工

土方工程施工包括"挖、运、填、压"四个内容。其施工方法可采用人力施工也可用机械化或半机械化施工。这要根据场地条件、工程量和当地施工条件决定。在规模较大,土方较集中的工程中,采用机械化施工较经济;对工程量不大,施工点较分散的工程或因受场地限制,不便采用机械施工的地段,应该用人力施工或半机械化施工。

(一)施工准备

有一些必要的准备工作必须要在土方施工前进行。如施工场地的清理;地面水排除;临时道路修筑;油燃料和其他材料的准备;供电线路与供水管线的敷设;临时停机棚和修理间的搭设;土方工程的测量放线;土方工程施工方案编制等等。

（二）土方调配

为了使园林施工的美观效果和工程质量同时符合规范要求，土方工程要涉及压实性和稳定性指标。施工准备阶段，要先熟悉土壤的土质；施工阶段要按照土质和施工规范进行挖、运、填、堆、压等操作。施工过程中，为了提高工作效率，要制定订合理的土石方调配方案。土石方调配是园林施工的重点部分，施工工期长，对施工进度的影响较大，一定要做好合理的安排和调配。

（三）土方的挖掘

1.人力施工

施工工具主要是锹、镐、钢钎等，人力施工不但要组织好劳动力而且要注意安全和保证工程质量：①施工者要有足够的工作面，一般平均每人应有 4 ~ 6m²；②开挖土方附近不得有重物及易坍落物；③在挖土过程中，随时注意观察土质情况，要有合理的边坡，垂直下挖者，松软土不得超过 0.7m，中等密度者不超过 1.25m，坚硬土不超过 2m，超过以上数值的须设支撑板或保留符合规定的边坡；④挖方工人不得在土壁下向里挖土，以防拥塌；⑤在坡上或坡顶施工者，要注意坡下情况，不得向坡下滚落重物；⑥施工过程中注意保护基桩、龙门板或标高桩。

2.机械施工

主要施工机械有：推土机、挖土机等，在园林施工中推土机应用较广泛，如在挖掘水体时，以推土机推挖，将其推至水体四周，再行运走或堆置地形。最后岸坡用人工修整。用推土机挖湖挖山，效率较高，但应注意以下几个方面。

（1）推土前应识图或了解施工对象的情况

在动工之前应向推土机操作者介绍拟施工地段的地形情况及设计地形的特点，最好结合模型，使之一目了然。另外，施工前还要了解实地定点放线情况，如桩位、施工标高等。能得心应手，随心所欲地按照设计意图去塑造地形。这一点对提高施工效率有很大帮助，这一步工作做得好，在修饰山体（或水体）时便可以省去许多人力物力。

（2）注意保护表土

在挖湖堆山时，先用推土机将施工地段的表层熟土（耕作层）推到施工场地外围，待地形整理停当，再把表土铺回来，这样做较麻烦费工，但对公园的植物生长却有很大好处。

（四）土方的运输

一般竖向设计都力求土方就地平衡，以减少土方的搬运量，土方运输是较艰巨的劳动，人工运土一般都是短途的小搬运。车运人挑，这在有些局部或小型施工中还经常采用。

运输距离较长的，最好使用机械或半机械化运输。不论是车运人挑，运输路线的组织很重要，卸土地点要明确，施工人员随时指点，避免混乱和窝工。如果使用外来土垫地堆山，运土车辆应设专人指挥，卸土的位置要准确，否则乱堆乱卸，必然会给下一步施工增加许多不必要的小搬运，从而浪费了人力物力。

（五）土方的填筑

填土应该满足工程的质量要求，土壤的质量要根据填方的用途和要求加以选择，在绿化地段土壤应满足种植植物的要求，而作为建筑用地则以要求将来地基的稳定为原则。利用外来土垫地堆山，对土质应该检定放行，劣土及受污染的土壤，不应放入园内以免将来影响植物的生长和妨害游人健康。

（六）土方的压实

人力夯压可用夯、破、碾等工具；机械碾压可用碾压机或用拖拉机带动的铁碾。小型的夯压机械有内燃夯、蛙式夯等。如土壤过分干燥，需先洒水湿润后再行压实。在压实过程中应注意：①压实工作必须分层进行；②压实工作要注意均匀；③压实松土时夯压工具应先轻后重；④压实工作应自边缘开始逐渐向中间收拢。否则边缘土方外挤易引起坍落。

（七）土壁支撑和土方边坡

土壁主要是通过体内的黏结力和摩擦阻力保持稳定的，一旦受力不平衡就会出现塌方，不仅会影响工期，还会造成人员伤亡，危及附近的建筑物。出现土壁塌方主要有四个原因：①地下水、雨水将土地泡软，降低了土体的抗剪强度，增加了土体的自重，这是出现塌方的最常见原因；②边坡过陡导致土体稳定性下降，尤其是开挖深度大、土质差的坑槽；③土壁刚度不足或支撑强度破坏失效导致塌方；④将机具、材料、土体堆放在基坑上口边缘附近，或者车辆荷载的存在导致土体剪应力大于土体的抗剪强度。为了确保施工的安全性，基坑的开挖深度到达一定限度后，土壁应该放足边坡，或者利用临时支撑稳定土体。

（八）施工排水与流沙防治

在开挖基坑或沟槽时，往往会破坏原有地下水文状态，可能出现大量地下水渗入基坑的情况。雨季施工时，地面水也会大量涌入基坑。为了确保施工安全，防止边坡垮塌事故发生，必须做好基坑降水工作。此外，水在土体内流动还会造成流沙现象。如果动水压力过大则在土中可能发生流沙现象。所以防止流沙就要从减小或消除动水压力入手。防止流沙的方法主要有：水下挖土法、打板桩法、地下连续墙法、井点降水等。

水下挖土法的基本原理是使基坑坑内外的水压互相平衡，从而消除动水压力的影响。如沉井施工，排水下沉，进行水中挖土、水下浇筑混凝土，是防止流沙的有效措施。

打板桩法基本原理是将板桩沿基坑周遭打入，从而截住流向基坑的水流。但是此法需注意一定要板桩必须深入不透水层才能发挥作用。

沿基坑的周围先浇筑一道钢筋混凝土的地下连续墙。以此起到承重、截水和防流沙的作用。

井点降水法施工复杂，造价较高，但是它同时对深基础施工起到很好的支持作用。

以上这些方法都各有优势与不足。而且由于土壤类型颇多，现在还很难找到一种方法可以一劳永逸地解决流沙问题。

第三节　园林绿化工程施工

一、园林绿化特点与作用

（一）园林绿化工程的概念

园林工程包括水景、园路、假山、给排水、造地型、绿化栽植等多项内容，无论哪一项工程，从设计到施工都要着眼于完工后的景观效果，营造良好的园林景观。绿化工程是园林工程的主体部分，其具有调节人类生活和自然环境的功能，发挥着生态、审美、游憩三大效益，起着悦目怡人的作用。它包括栽植和养护管理两项工程，这里所说的栽植是指广义上的栽植，其包括"起苗""搬运""种植"三个基本环节的作业。绿化工程的对象是植物，有关植物材料的不同季节的栽植、植物的不同特性、植物造景、植物与土质的相互关系、依靠专业技术人员施工以及防止树木植株枯死的相应技术措施等，均需要认真研究，以发挥良好的绿化效益。

（二）园林绿化工程的特点

1. 园林绿化工程的艺术性

园林绿化工程不仅仅是一座简单的景观雕塑，也不仅仅是提供一片绿化的植被，它是具有一定的艺术性的，这样才能在净化空气的同时还能够带给人们精神上的享受和感官的愉悦。自然景观还要充分与人造景观相融相通，满足城市环境的协调性的需求。设计人员在最初进行规划时，可以先进行艺术效果上的设计，在施工过程中还可以通过施工人员的直觉和经验进行设计上的修饰。尤其是在古典建筑或者标志性建筑周围建设园林绿化工程的时候，更要讲究其艺术性，要根据施工地的不同环境和不同文化背景进行设计，不同的设计人员会有不同的灵感和追求，设计和施工的经验和技能也是有所差别的，因此，有关施工和设计人员要不断地提升自己的艺术性和技能，这也是对园林绿化人员提出的要求。

2. 园林绿化工程的生态性

园林绿化工程具有强烈的生态性，现代化进程的不断加进，让人口与资源环境的发展极其不协调，人们生存的环境质量也一再下降，生态环境的破坏和环境污染已经带来了一系列的负效应，也直接影响了人们的身体健康和精神的追求，间接使得经济的发展受到了限制。

3. 园林绿化工程的特殊性

园林绿化工程的实施对象具有特殊性，由于园林绿化工程的施工对象都是植物居多，这些都是有生命的活体，在运输、培植、栽种和后期养护等各个方面都要有不同的实施方案，也可以通过这种植物物种的丰富的多样性和植被的特点及特殊功效来合理配置景观，这也需要施工和设计人员具有扎实的植物基础知识和专业技能，对其生长习性、种植注意事项、自然因素对其的影响等都了如指掌，才能设计出最佳的作品，这些植物的合理设计和栽种可以净化空气、降温降噪等，并且还可以为喧嚣的人们提供一份宁静与安逸，这也是园林绿化工程跟其他城市建设工程相比具有突出特点的地方。

4. 园林绿化工程的周期性

园林绿化工程的重要组成部分就是一些绿化种植的植被，因此，其季节性较强，具有一定的周期，要在一定的时间和适宜的地方进行设计和施工，后期的养护管理也一定要做到位，保证苗木等植物的完好和正常生长，这是一个长期的任务，同时也是比较重要的环节之一，这种养护具有持续性，需要有关部门合理安排，才能确保景观长久保存，创造最大的景观收益。

5. 园林绿化工程的复杂性

园林绿化工程的规模一般很小，却需要分成很多个小的项目，施工时的工程量小而散。这就为施工过程的监督和管理工作带来了一定的难度。在设计和施工前要认真挑选合适的施工人员，不仅要掌握足够的知识面，还要对园林绿化的知识有一定的了解，最后还要具备一定的专业素养和德行，确保工程的质量。由于现在的城市中需要绿化的地点有很多，如公园、政府、广场、小区，甚至是道路两旁等，园林绿化工程的形式也越来越多样化。今后园林绿化工程的复杂程度也会逐渐提高，这也对有关部门提出了更高的要求。

（三）园林绿化的作用

园林绿化的施工能对原有的自然环境进行加工美化，在维护的基础上再创美景，用模拟自然的手段，人工的重建生态系统，在合理维护自然资源的基础上，增加绿色植被在城市中的覆盖面积，美化城市居民的生活环境；园林绿化工程为人们提供了健康绿色的生活、休闲场所，在发挥社会效益的同时，园林工程也获得了巨大的社会效益；人类建造的模拟自然环境的园林能够使植物、动物等在一个相对稳定的环境栖息繁衍，为生物的多样性创造了相对良好的条件；在可持续发展和城市化的进程中，园林建设增加了绿色植被的覆盖面积，美化了城市环境，提高了居民生活的环境质量，能促使人们的身心健康发展，也发扬了本民族的优秀文化，为城市的不断发展，改善人们生活质量做出了自己的贡献。

二、园林绿化施工技术

（一）园林绿化施工技术的特点

1.施工技术准备

施工技术准备是园林绿化工程准备阶段的核心。为了能够在拟建工程开工之前，使从事施工技术和经营管理的人员充分了解掌握设计图纸的设计意图、结构与特点及技术要求，做出施工技术工作的科学合理规划，从根本上保证施工质量，技术措施管理方面注重科技和施工条件的结合，必须要综合考虑技术性和经济性相结合的道路，对技术上的应用给予大幅度的控制。

2.施工配合

园林绿化施工的配合在一定程度上反映了施工技术的成熟性和稳定性，很多时候施工的统筹配合对工程项目的成本控制和进度控制是起决定性作用的，所以要明确施工配合要点与施工的多样性、相互性、多变性、观赏性以及施工规律性。园林绿化施工过程中大多事项是交错进行的，要配合的施工不是单方面的，而是多方面的。

施工的相互进行，且随着施工的进度、质量和条件时刻变化，需要抓好计划组织、资源管理以及工艺工序的管理，统一安排施工的计划，强化施工项目部指挥功能，针对施工的协调、管理和服务，以及建设单位和监理单位的配合，加大组织计划管理，从而进一步加强施工配合力度。

（二）园林绿化工程施工流程

园林绿化工程施工主要有两个部分组成，前期准备和实施方案。其中，园林绿化工程的前期准备，主要包括三个方面：技术准备、现场准备和苗木及机械设备准备。园林绿化工程实施方案由施工总流程、土质测定及土壤改良、苗木种植工程三个主要的部分构成。重点是苗木种植流程，选苗→加工→移植→养护。

（三）园林绿化工程施工技术要点

1.园林绿化工程施工前的技术要点

一项高质量的园林绿化工程的完成，离不开完善的施工前的准备工作。它是对需要施工的地方进行全面考察了解后，针对周围的环境和设施进行深入研究，还要深入了解土质、水源、气候及人力后进行的综合设计。同时，还要掌握树种及各种植物的特点及适应的环境进行合理配置，要适当地安排好施工的时间，确保工程不延误最佳的施工时机，这也是成活率的重要保证。为了防止苗木在施工时受到季节和天气的影响，要尽量选在阴天或多云风速不大的天气进行栽种。要严格按照设计的要求进行种植，确保翻耕深度，对施工地区要进行清扫工作，多余的土堆也要及时清理，工作面的石块、混凝土等也要搬出施工地区，最后还要铺平施工地，使其满足种植的需要。

2. 园林绿化工程的施工技术要点

在施工开始后，要做到的关键部分就是定好点、栽好苗、浇好水等，严格按照施工规定的流程进行施工操作，要保证植物能够正常健康生长，科学培育。

首先，行间距的定点要严格进行设计，将路缘或路肩及临街建筑红线作为基线，以图纸要求的尺寸作为标准在地面确定行距并设置定点，还要及时做好标记，便于查找如果是公园地区的建设，要采用测量仪，准确标记好各个景观及建筑物的位置，要有明确的编号和规格，施工时要对植被进行细致标注。

其次，树木栽植技术也对整个工程的顺利施工有着重要的影响，栽植树木不仅是栽种成活，还要对其形状等进行修剪等。由于整个施工难免会对植被造成一定的伤害，为了尽早恢复，让树木等能够及时吸收足够的土壤养分，就要进行适时浇水，通常对本年份新植树木的浇水次数应在三次以上，苗木栽植当天浇透水一次。如果遇到春季干旱少雨造成土壤干燥还要将浇水时间提前。

3. 园林绿化工程的后期养护工作

后期的养护工作也是收尾工作，是整个工程的最后保证，也是对整个工程的一个保持，根据植物的需求，要及时对其需要的养分进行适时补充，以免造成植被死亡，影响景观的整体效果。灌溉时，要根据树木的品种及需求适时调整，节约水资源和人力物力。为了达到更好的美观性和艺术性，一些植物还需要定时进行修剪，这也是养护管理的重要工作内容，有些植物易受到虫害的侵袭，对于这类植被要及时采取相应措施，除此以外，还有保暖措施等。

第四节　园林假山工程施工

在中国传统园林艺术理论中，素有"无园不石"的说法，假山在园林中的运用在中国有着悠久的历史和优良的传统，随着人们休闲环境意识的增强，假山更是走进了无数的公园、小区，假山元素在园林中的应用更为广泛。人们通常所说的假山实际上包括假山和置石两个部分。

一、假山及其功能作用

（一）假山的概念

假山是指用人工方法堆叠起来的山，是按照自然山水为蓝本，经艺术加工而制作的。随着叠石为山技巧的进步和人们对自然山水的向往，假山在园林中的应用也愈来愈普遍。

无论是叠石为山，还是堆土为山，或土石结合，抑或单独赏石，只要它是人工堆成的，均可称为假山。

人们通常所说的假山实际上包括假山和置石两个部分。所谓的假山，是以造景、游览为主要目的，充分地结合其他多方面的功能作用，以土、石等为材料，以自然山水为蓝本并加以艺术提炼、加工、夸张，是人工再造的山水景物的通称。置石，是指以山石为材料作独立造景或作附属配置造景布置，主要表现山石的个体美或局部山石组合，不具备完整的山形。一般来说，假山的体量较大而且集中，可观可游可赏可憩，使人有置身自然山林之感；置石主要是以观赏为主，结合一些功能（如纪念、点景等）方面的作用，体量小且分散。假山按材料不同可分为土山、石山和土石相间的山。置石则可分为特置、对置、散置、群置等。

为降低假山置石景观的造价和增强假山置石景观的整体性，在现代园林中，还出现以岭南园林中灰塑假山工艺为基础的采用混凝土、有机玻璃、玻璃钢等现代工业材料和石灰、砖、水泥等非石材料进行的塑石塑山，成为假山工程的一种专门工艺，这里不再单独探讨。

（二）假山的功能作用

假山和置石因其形态千变万化，体量大小不一，所以在园林中既可以作为主景也可以与其他景物搭配构成景观。如作为扬州个园的"四季假山"以及苏州狮子林等总体布局以山为主，水为辅弼，景观特别；在园林中作为划分和组织空间的手段；利用山石小品作为点缀园林空间、陪衬建筑和植物的手段；用假山石作为花台、石阶、踏跺、驳岸、护坡、挡土墙和排水设施等，既朴实美观，又坚固实用；用作室内外自然式家具、器设、几案等，如石桌凳、石栏、石鼓、石屏、石灯笼等，既不怕风吹日晒，也增添了几分自然美。

二、假山工程施工技术

（一）假山的材料选择

古典园林中对假山的材料有着深入的研究，充分挖掘了自然石材的园林制造潜力，传统假山的材料大致可分为以下几大类：湖石（包括太湖石、房山石、英石、灵璧石、宣石）、黄石、青石、石笋还有其他石品（如木化石、石珊瑚、黄蜡石等），这些石种更具特色，有自己的自然特点，根据假山的设计要求不同，采用不同的材料，经过这些天然石材的组合和搭配，构建起各具特色的假山，如太湖石轻巧、清秀、玲珑，在水的溶蚀作用下，纹理清晰，脉络景隐，有如天然的雕塑品，常被选其中形体险怪，嵌空穿眼者为特置石峰；又如宣石颜色洁白可人，且越旧越白，有着积雪一般的外貌，成为冬山的绝佳材料。

现代以来，由于资源的短缺，国家对山石资源进行了保护，自然石种的开采量受到了很大的限制，不能满足园林假山的建设需要，随着技术的日益发展，在现代园林中，人工塑石已成为假山布景的主流趋势，由于人工塑石更为灵活，可根据设计意图自由塑造，所以取得了很好的效果。

（二）施工前准备工作

施工前首先应认真研究和仔细会审图纸，先做出假山模型，方便之后的施工，做好施工前的技术交底，加强与设计方的交流，充分正确了解设计意图。再者，准备好施工材料，如山石材料、辅助材料和工具等。还应对施工现场进行反复勘察，了解场地的大小，当地的土质、地形、植被分布情况和交通状况等方面。制订合适的施工方案，配备好施工机械设备，安排好施工管理和技术人员等。

（三）假山施工流程

假山的施工是一个复杂的工程，一般流程：定点放线→挖基槽→基础施工→拉底→中层施工（山体施工、山洞施工）→填、刹、扫缝→收顶→做脚→竣工验收→养护期管理→交付使用。其中，涉及了许多方面的施工技术，每个不同环节都有不同的施工方法，在此，将重点介绍其中的一些施工方法。

1. 定点放线

首先要按照假山的平面图，在施工现场用测量仪准确地按比例尺用白石粉放线，以确定假山的施工区域。线放好后，跟着标出假山每一部位坐标点位。坐标点位定好后，还要用竹签或小木棒钉好，做出标记，避免出差错。

2. 基础施工

假山的基础如同房屋的地基一样都是非常重要的，应该引起重视。假山的基础主要有木桩、灰土基础、混凝土基础三种。

木桩多选用较平直又耐水湿的柏木桩或杉木桩。木桩顶面的直径在 10 ~ 15cm。平面布置按梅花形排列，故称"梅花桩"。桩边至桩边的距离约为 20cm，其宽度视假山底脚的宽度而定。桩木顶端露出湖底十几厘米至几十厘米，并用花岗石压顶，条石上面才是自然的山石，自然山石的下部应在水面以下，以减少木桩腐烂。

灰土基础一般采用"宽打窄用"的方法，即灰土基础的宽度应比假山底面积的宽度宽出约 0.5cm，保证了基础的受力均匀。灰槽的深度一般为 50 ~ 60cm。2m 以下的假山一般是打一步素土，一步灰土。一步灰土即布灰 30cm，踩实到 15cm 再夯实到 10cm 厚度左右。2 ~ 4cm 高的假山用一步素土、两步灰土。石灰一定要新出窑的块灰，在现场泼水化灰。灰土的比例采用 3 ∶ 7。

3. 拉底

拉底就是在基础上铺置最底层的自然山石，是叠山之本。假山的一切变化都立足于这一层，所以底石的材料要求大块、坚实、耐压。底石的安放应充分考虑整座假山的山势，灵活运用石材，底脚的轮廓线要破平直为曲折，变规则为错落。要根据皴纹的延展来决定，大小石材成不规则的相间关系安置，并使它们紧密互咬、共同制约，连成整体，使底石能垫平安稳。

4. 中层

中层是假山造型的主体部分，占假山中的最大体量。中层在施工中要尽量做到山石上下衔接严密之外，还要力求破除对称的形体，避免成为规规矩矩的几何形态，而是因偏得致，错综成美。在中层的施工时，平衡的问题尤为明显，可以采用"等分平衡法"等方法，调节山石之间的位置，使它们的重心集中到整座假山的重心上。

5. 收顶

从结构上来讲，收顶的山石要求体量大的，以便合凑收压，一般分为分峰、峦和平顶三种类型，可在整座假山中起画龙点睛的效果，应在艺术上和技术上给予充分重视。收顶时要注意使顶石的重力能均匀地分层传递下去，所以往往用一块山石同时镇压住下面的山石，如果收顶面积大而石材不够时，可采用"拼凑"的施工方法，用小石镶缝使成一体。

（四）假山景观的基础施工

假山景观一般堆叠较高、重量较大，部分假山景观又会配以流水，加大对基础的侵蚀。所以首先要将假山景观的基础工程搞好，减少安全隐患，这样才能造就出各种的假山景观造型。基础的施工应根据设置要求进行，假山景观基础有浅基础、深基础、桩基础等。

1. 浅基础的施工

浅基础的施工程序：原土夯实→铺筑垫层→砌筑基础。浅基础一般是在原地面上经夯实后而砌筑的基础。此种基础应事先将地面进行平整，清除高垄，填平凹坑，然后进行夯实，再铺筑垫层和基础。基础结构按设计要求严把质量关。

2. 深基础的施工

深基础的施工程序：挖土→夯实整平→铺筑垫层→砌筑基础。深基础是将基础埋入地面以下的基础，应按基础尺寸进行挖土，严格掌握挖土深度和宽度，一般假山景观基础的挖土深度为 50 ~ 80cm，基础宽度多为山脚线向外 50cm。土方挖完后夯实整平，然后按设计铺筑垫层和砌筑基础。

3. 混凝土基础

目前，大中型假山多采用混凝土基础、钢筋混凝土基础。混凝土具有施工方便，耐压能力强的特点。基础施工中对混凝土的标号有着严格的规定，一般混凝土垫层不低于 C10，钢筋混凝土基础不低于 C20 的混凝土，具体要根据现场施工环境决定，如土质、承载力、假山的高度、体量的大小等决定基础处理形式。

4. 木桩基础

在古代园林假山施工中，其基础多采用杉木桩或松木桩。这种方法到现在仍旧有其使用价值，特别是在园林水体中的驳岸上，应用较广。选用木桩基础时，木桩的直径范围多在 10 ~ 15cm 之间，在布置上，一般采用梅花形状排列，木桩与木桩之间的间距取为 20cm。打桩时，木桩底部要达到硬土层，而其顶端则必须至少高于水体底部十几厘米。木桩打好后要用条石压顶，再用块石使之互相嵌紧。这样基础部分就算完成了，可以在其上进行山石的施工。

（五）山体施工

1. 山石叠置的施工要点

（1）熟悉图纸

在叠山前一定要把设计图纸读熟，但由于假山景观工程的特殊性，它的设计很难完全一步到位。一般只能表现山体的大致轮廓或主要剖面，为了方便施工，一般先做模型。由于石头的奇形怪状，而不易掌握，因此，全面了解和掌握设计者的意图是十分重要的。如果工程大部分是大样图，无法直接指导施工，可通过多次的制作样稿，多次修改，多次与设计师沟通，才能摸清了设计师的真正意图，找到了最合适的施工技巧。

（2）基础处理

大型假山景观或置石必须要有坚固耐久的基础，现代假山景观施工中多采用混凝土基础。

2. 山体堆砌

山体的堆砌是假山景观造型最重要的部分，根据选用石材种类的不同，要艺术性地再现自然景观，不同的地貌有不同的山体形状。一般堆山常分为底层、中层、收顶三部分。施工时要一层一层做，做一层石倒一层水泥砂浆，等到稳固后再上第二层，如此至第三层。底层，石块要大且坚硬，安石要曲折错落，石块之间要搭接紧密，摆放时大而平的面朝天，好看的面朝外，一定要注意放平。中层，用石要掌握重心，飘出的部位一定要靠上面的重力和后面的力量拉回来，加倍压实做到万无一失。石材要统一，既要相同的质地，相同纹理，色泽一致，咬茬合缝，浑然一体，又要有层次有进深。

3. 置石

置石一般有独立石、对置、散置、群置等。独立石，应选择体量大、造型轮廓突出、色彩纹理奇特、有动态的山石。这种石多放在公园的主入口或广场中心等重要位置。对石，以两块山石为组合，相互呼应，一般多放置在门前两侧或园路的出入口两侧。散置，几块大小不等的山石灵活而艺术的搭配，聚散有序，相互呼应，富于灵气。群置，以一块体量较大的山石作为主石，在其周围巧妙置以数块体量较小配石组成一个石群，在对比之中给人以组合之美。

（1）山石的衔接

中层施工中，一定要使上下山石之间的衔接严密，这除了要进行大块面积上的闪进，还需防止在下层山石上出现过多破碎石面。只不过有时候，出于设计者的偏好，为体现假山某些形状上的变化，也会故意预留一些这样的破碎石面。

（2）顶层

顶层即假山的最上面部分，是最重要的观赏部分，这也是它的主要作用，无疑应作重点处理。顶层用石，无疑应选用姿态最美观、纹理最好的石块，主峰顶的石块体积要大，以彰显假山的气魄。

第五节　园林铺装工程施工

一、园林铺装的作用

（一）提供休息、活动、集散的场所

园林铺装的主要功能就是它的实用性，以道路、广场、活动空间的形式为游人提供一个停留和游憩空间，往往结合园林其他要素如植物、园林小品、水体等构成立体的外部空间环境。

（二）美化环境，丰富地面景观

园林铺装可以覆盖裸露的地表，美化园林的空间底界面。园林铺装可以作为主景的背景，起到衬托主景、突出主题的作用。

（三）科普教育，提高审美情趣和文化素养

园林铺装往往具有丰富的图案，取材于当地的民俗文化、历史典故、吉祥图案、重大事件，或表现主题，或表达信念，在提升园林铺装美学价值的同时起到传递场地信息和科普教育的作用。

（四）功能暗示，引导游览

园林铺装可以通过不同铺装的色彩、质感和肌理来暗示使用空间的差异和变换，使人按照不同园林铺装的差异化提示使用满足自己功能的园林空间。园路铺装的样式往往具有明显的导向性，有利于联系各个功能区域，保持景观的连续性和完整性。

二、园林铺装施工工艺与流程

（一）施工工艺流程

现代园林绿化中的铺装工程施工工艺：砼基层施工→侧石安装→板材铺装施工。

（二）施工工艺分析

1. 砼基层施工

为保证砼搅拌质量，砼工程应遵循以下原则：

（1）测定现场砂、石含水率，根据设计配合比，送有关单位做好砼级配，并按级配挂牌小意。

（2）每天搅拌第一拌砼时，水泥用量应相对增倍。

（3）平板振捣器震动均匀，以提高砼的密实度。

（4）严格控制砂石料的含泥量，选用良好的骨料，砂选用粗砂，砂含泥量小于 3%，石子不超过 10%。

（5）减少环境温度差，提高砼抗压强度，浇筑后应覆盖一层草包在 12h 后浇水养护以防气温变化的影响。砼养护时间不小于 7 天。

（6）一般用 M7.5 水泥、白泥、砂混合浆或 1：3 白灰砂浆结合层。砂浆摊铺宽度应大于铺装面 5～10cm 左右，已拌好的砂浆应当日用完。也可用 3～5cm 粗砂均匀摊铺而成。

2. 侧石安装工艺

在砼垫层上安置侧石，先应检查轴线标高是否符合设计要求，并校对。圆弧处可采用 20～40cm 长度的侧石拼接，以便利于圆弧的顺滑，严格控制侧石顶面的标高，接缝处留缝均匀。外侧细石混凝土浇注紧密牢固。嵌缝清晰，侧角均匀，美观。侧石基础宜与地床同时填挖碾压，以保证有整体的均匀密实性。侧石安装要平稳牢固，其背后要应用灰土夯实。

3. 板材铺装施工工艺

地面的装饰依照设计的图案、纹样、颜色、装饰材料等进行地面装饰性铺装，其铺装方法也请参照前面有关内容。铺砌广场砖、花岗岩板材料时，灰泥的浓度不可太稀，要调配成半硬的黏稠状态，铺砌时才易压入固定而不致陷下。其次，为使块材排列整齐，每片的间距为 1cm，要利用平准线。于铺设地点四角插好木椿，有绳拉张、作为铺块材的平准线。除了纵横间隔笔直整齐外，另还需要一条高度准绳，以控制瓷砖面高度齐一。但为使面层不因下雨积水，有必要在施工时将路面做出两侧 1.5%～2% 的斜度。地面铺装应每隔 2m 设基坐，以控制其标高，石材板应根据侧石路标高，并路中高出 3% 横坡。板铺设前，先拉好纵横控制线，并每排拉线。铺设时用橡胶锤敲击至平整，保证施工质量优良。片块状材料面层，在面层与基层之间所用的结合层做法有两种：一种是用湿性的水泥砂浆、石灰砂浆或混合砂浆作为材料，另一种是用干性的细砂、石灰粉、灰土（石灰和细土）、水泥粉砂等作为结合材料或垫层材料。

（1）干法铺筑

以干性粉沙状材料，作面层砌块的垫层和结合层。省略铺砌时，先将粉沙材料在基层上平铺一层，厚度是：用干砂、细土作垫层厚 3 ~ 5cm，用水泥砂、石灰砂、灰土作结合层厚 2.5 ~ 3.5cm，铺好后抹平。然后按照设计的砌块、砖块拼装图案，在垫层上拼砌成面层。并在多处震击，使所有砌块的顶面都保持在一个平面上，这样可使铺装十分平整。再用干燥的细砂、水泥粉、细石灰粉等撒在面层上并扫入砌块缝隙中，使缝隙填满，最后将多余的灰砂清扫干净。以后，砌块下面的垫层材料慢慢硬化，使面层砌块和下面的基层紧密地结合在一起。

（2）湿法铺筑

用厚度为 1.5 ~ 2.5cm 的湿性结合材料，垫在面层混凝土板上面或基层上面作为结合层，然后在其上砌筑片状或状贴面层。砌块之间的结合以及表面抹缝，亦用这些结合材料。

（3）地面镶嵌与拼花

施工前，要根据设计的图样，准备镶嵌地面的铺装材料，设计有精细图形的，先要在细密质地铺装材料上放好大样，再精心雕刻，做好雕刻材料。要精心挑选铺地用石子，挑选出的石子应按照不同颜色、不同大小、不同长扁形状分类堆放，铺地拼花时才能方便使用。施工时，先要在已做好的基层上，铺垫一层结合材料，厚度一般分为 4 ~ 7cm 之间。在铺平的松软垫层上，按照预定的图样开始镶嵌作花，或者拼成不同颜色的色块，以填充图形大面。然后经过进一步修饰和完善图样，先拉出线条、纹样和图形图案，再用各色卵石、砾石镶嵌纹样，并尽量整平铺地后，就可以定形。定形后的铺地地面，仍要用水泥干砂、石灰干砂撒布其上，并扫入砖石缝隙中填实。最后，用大水冲击或使面层有水流淌。完成后，养护 7 ~ 10 天。

（4）嵌草路面的铺筑

嵌草铺装有两种类型，一种为在块料铺装时，在块料之间留出空隙，其间种草。另一种是制作成可以嵌草的各种纹样的混凝土铺地砖。施工时，先在整平压实的基层上铺垫一层栽培壤土作垫层。镶土要求比较肥沃，不含粗颗粒物，铺垫厚度为 10 ~ 15 厘米。然后在垫层上铺砌混凝土空心砌块或实心砖块，砌块缝中半填壤土，并播种草籽或贴上草块踩实。实心砌块的尺寸较大，草皮嵌种在砌块之间预留缝中草缝设计宽度可在 2 ~ 5cm 之间，缝中填土达砌块的 2/3 高。砌块下面如上所述用镶土作垫层并起找平作用。砌块要铺得尽量平整。空心砌块的尺寸较小，草皮嵌种在砌块中心预留的孔中。砌块与砌块之间不留草缝，常用水泥砂浆粘接。砌块中心孔填土宜为砌块的 2/3 高；砌块下面仍用壤土作垫找平。嵌草路面保持平整。要注意的是，空心砌块的设计制作，一定要保证砌块的结实坚固和不易损坏，因此，其预留孔径不能太大，孔径最好不超过砌块直径的 1/3 长。采用砌块嵌草铺装的铺装，砌块和嵌草层的结构面层，其下面只能有一个壤土垫层，在结构上没有基层，只有这样的路面才能有利于草皮存活与生长。

（5）切石板铺地

切石铺地的情趣与卵石铺地截然不同，由机械加工的切石铺地平坦好走，光洁整齐。适于加工切板的石材有花岗岩、安山岩、粘板岩等。切石等如果有仅为供人行走、其下可不必考虑打水泥基础。

（6）鹅卵石铺地

用鹅卵石铺设的面层看起来稳重而又实用，别具一格。鹅卵石在组合石块时，要注意石的形、大小是否调和。特别是在与切石板配置时，相互交错形成的图案要自然。施工时，因石块的大小、高低不完全相同，为使铺出的路面平坦，必须在基层下功夫。先将未干的灰泥填入，再把卵石及切石一一填下，较大的埋入灰泥的部分多些，使面层整齐高度一致。摆完石块后，再在石块之间填入稀灰泥，填充实后就算完成了。卵石排列间隙的线条要呈不规则的形状，千万不要弄成十字形或直线形。此外，卵石的疏密也应保持均衡，不可部分拥挤，部分疏松。

三、园林铺装工程施工技术

园林铺装工程主要是指园林建园中的园路和广场的铺装，而在园林铺装中又以园路的铺装为主。园路作为园林必不可少的构成要素之一，是园林的骨架和网络。园林道路在铺装后，不仅能在园林环境中做到引导视线、分割空间及组织路线的作用，空地和广场为人们提供良好的活动和休息场所，还能直接创造出优美的地面景观，增强园林的艺术效果，给人以美的享受。园林铺装是组成园林风景的要素，像脉络一样成为贯穿整个园区的交通网络，成为划分及联系各个景点、景区的纽带。园林中的道路也与一般交通道路不同，交通功能需先满足游览要求，即不以取得捷径为准则的，但要利于人流疏导。在园林铺地设计中，经常与植物、景石、建筑、湖岸相搭配，充满生活气息，营造出良好的气氛，使其充满人与自然的和谐关系。

（一）施工准备

1.材料准备

园路铺装材料的准备工作在铺装工程中属于工作量较大的任务之一，为防止在铺装过程中出现问题，须提前解决施工方案中园路与广场交接处的过渡问题以及边角的方案调节问题，为此在确定解决方案时应根据道路铺装的实际尺寸在图上进行放样，待确定解决方案再确定边角料的规格、数量以及各种花岗岩的数量。

2.场地放样

以施工图上绘制的施工坐标方格网作参照，在施工场地测设所有坐标点并打桩定点，然后根据广场施工图以及坐标桩点，进行场地边线的放设，主要边线包括填方区与挖方区之间的零点线以及地面建筑的范围线。

3. 地形复核

以园路的竖向设计平面图为参照，对场地地形进行复核。若存在控制点或坐标点的自然地面标高数据的遗漏，应及时在现场测量将数据补上。

4. 场地的平整与找坡

（1）填方与挖方施工

对于填方应以先深后浅的堆填顺序进行，先分层将深处填实，再填实浅处，并要逐层夯实，直至填埋至设计标高为止。在挖方过程中对于适宜栽植的肥沃土壤不可随意丢弃，可作为种植土或花坛土使用，挖出后应临时将其堆放在广场边。

（2）场地平整及找坡

待填挖方工程基本完成后，须对新填挖出的地面进行平整处理，地面的平整度变化应控制在 0.05m 的范围内。为保证场地各处地面坡度能够满足基本设计要求，应参照各坐标点标注的该点设计坡度数据及填挖高数据，对填挖处理后的场地进行找坡。

（3）素土夯实

素土夯实作为整个施工过程中重要的质量控制环节，首先要先清除腐殖土，以免日后留下地面下陷的隐患。

（二）地面施工

1. 摊铺碎石

在夯实后的素土基础上可放置几块 10cm 左右的砖块或方木进行人工碎石摊铺。这里需要注意的是软硬不同的石料严禁混用，且使用碎石的强度不得低于 8 级。摊铺时砖块或方木随着移动，作为摊铺厚度的标定物。摊铺时应使用铁叉将碎石一次上齐，碎石摊铺完成后，要求碎石颗粒大小分布均匀，且纵横断面与厚度要求一致。料底尘土应及时进行清理。

2. 稳压

碾压时采用 10 ～ 12t 的压路机碾压，先沿着修整过的路肩往返碾压两遍，再由路面边缘向中心碾压，碾压时碾速不宜过快，每分钟走行 20 ～ 30m 即可。待第一遍碾压完成后，可使用小线绳和路拱桥板进行路拱和平整度的检验。若发现局部有不平顺的地方，应及时处理，去高垫低。垫低是指将低洼部分挖松，再在其上均匀铺撒碎石直至设计标高，洒上少量水花后继续进行碾压，直至碎石无明显位移为止。去高时不得使用铁锹集中铲除，而是将多余碎石按其颗粒大小均匀捡出，再进行碾压。这个过程一般需要重复 3 ～ 4 次。

3. 撒填充料

在碎石上均匀铺撒灰土（掺入石灰占 8% ～ 12%）或粗砂，填满碎石缝后使用喷壶或洒水车在地面均匀洒水一次，由水流冲出的缝隙再用灰土或粗砂充填，直至不再出现缝隙并且碎石尖裸露为止。

4. 压实

场地的再次压实使用 10 ~ 121 的压路机，一般碾压 4 ~ 6 遍（根据碎石的软硬程度确定），为防止石料被碾压得过于破碎，碾压次数切勿过多，碾速相对初碾时稍快，一般为 60 ~ 70m / min。

5. 嵌缝料的铺撒碾压

待大块碎石的压实完成后，继续铺撒嵌缝料，并用扫帚扫匀，继而使用 10 ~ 121 的压路机对其进行碾压，直至场地表面平整稳定且无明显轮迹为止，一般需碾压 2 ~ 3 遍。最后进行场地地面的质量鉴定和签证。

（三）稳定层的施工

（1）基层施工完成后，根据设计标高，每隔 10cm 进行定点放线。边线应放设边桩和中间桩，并在广场的整体边线处设置挡板，挡板高度不应太高，一般在 10cm 左右，挡板上应标明标高线。

（2）各设计坐标点的标高和广场边线经检查、复核无误后，方可进行下一道工序。

（3）在基层混凝土浇筑之前，应在其上洒一层砂浆（比例为 1 ：3）或水。

（4）混凝土应按照材料配合比进行配制，浇筑和捣实完成后使用长约 1m 的直尺将混凝土顶面刮平，待其表面稍许干燥后，再用抹灰砂板将其刮平至设计标高。在混凝土施工中应着重注意路面的横向和纵向坡度。

（5）待完成混凝土面层的施工后，应及时进行养护，养护期一般为 7 天，若为冬季施工则应适当延长养护期。混凝土面层的养护可使用湿砂、塑料薄膜或湿稻草覆盖在路面上。

（四）石板的铺装技术

（1）石板铺装前应先将背面洗刷干净，并在铺贴时保持湿润。

（2）在稳定层施工完成后进行放线，并根据设计坐标点和设计标高设置纵向桩和横向桩，每隔一块石板宽度画一条纵向线，横向线则按照施工进度依次下移，每次移动距离为单块板的长度。

（3）稳定层打扫干净后，洒水一遍，待其稍干后再在稳定层上平铺一层厚约 3cm 的干硬性水泥砂浆（比例为 1 ：2），铺好后立即抹平。

（4）在铺石板前应先在稳定层上再浇一层薄薄的水泥砂浆，按照设计图案施工，石板间的缝隙应按设计要求保持一致。铺装面层时，每拼好一块石板，须将平直木板垫在其顶面用橡皮锤多处敲击，这样可使所有石板顶面均在一个平面上，有利于广场场地的平整。

（5）路面铺装完成后，使用干燥的水泥粉均匀撒在路面上并用扫帚扫入板块空隙中，将其填满。最后将多余的水泥粉清扫干净。施工完成后，应对场地多次进行浇水养护，直至石板下的水泥砂浆逐渐硬化，将下方稳定层与花岗石紧密连接在一起。

第六节　园林供电与照明工程施工

一、供电设计与照明设计

供电，是指将电能通过输配电装置安全、可靠、连续、合格地销售给广大电力客户，满足广大客户经济建设和生活用电的需要。供电机构有供电局和供电公司等。

照明是利用各种光源照亮工作和生活场所或个别物体的措施。利用太阳和天空光的称"天然采光"；利用人工光源的称"人工照明"。照明的首要目的是创造良好的可见度和舒适愉快的环境。

照明设计可分为室外照明设计和室内灯光设计。照明设计也是灯光设计，灯光是一个较灵活及富有趣味的设计元素，可以成为气氛的催化剂，是一室的焦点及主题所在，也能加强现有装潢的层次感。

随着社会经济的发展，人们对生活质量的要求越来越高，园林中电的用途已不再仅仅是提供晚间道路照明，而各种新型的水景、游乐设施、新型照明光源的出现等，无不需要电力的支持。

园林照明是室外照明的一种形式，在设置时应注意与园林景观结合，以最能突出园林景观特色为原则。光源的选择上，要注意利用各类光源显色性的特点，突出要表现的色彩。在园林中常用的照明光源除了白炽灯、荧光灯以外，一些新型的光源如汞灯（目前园林中使用较多的光源之一，能使草坪、树木的绿色格外鲜艳夺目，使用寿命长、易维护）、金属卤化物灯（发光效率高，显色性好，但没有低瓦数的灯，使用受到一定限制）、高压钠灯（效率高，多用于节能、照度高的场合，如道路、广场等，但显色性较差）亦在被应用之列。使用气体放电灯时应注意防止频闪效应。园林建筑的立面可用彩灯、霓虹灯、各式投光灯进行装饰。在灯具的选择上，其外观应与周围环境相配合，艺术性要强，有助于丰富空间层次，保证安全。

二、园林供电与照明施工技术

（一）照明工程

在施工过程中，主要分为以下几大部分：施工前准备、电缆敷设、配电箱安装、灯具安装、电缆头的制作安装。

1.施工前准备

在具体施工前首先要熟悉电气系统图，包括动力配电系统图和照明配电系统图中的电缆型号、规格、敷设方式及电缆编号，熟悉配电箱中开关类型、控制方法，了解灯具数量、种类等。熟悉电气接线图，包括电气设备与电器设备之间的电线或电缆连接、设备之间线路的型号、敷设方式和回路编号，了解配电箱、灯具的具体位置，电缆走向等。根据图纸准备材料，向施工人员做技术交底，做好施工前的准备工作。

2. 电缆敷设

电缆敷设包括电缆定位放线、电缆沟开挖、电缆敷设、电缆沟回填等。

（1）电缆定位放线

先按施工图找出电缆的走向后，按图示方位打桩放线，确定电缆敷设位置、开挖宽度、深度等及灯具位置，以便于电缆连接。

（2）电缆沟开挖

采用人工挖槽，槽梆必须按 1∶0.33 放坡，开挖出的土方堆放在沟槽的一侧。土堆边缘与沟边的距离不得小于 0.5 米，堆土高度不得超过 1.5 米，堆土时注意不得掩埋消火栓、管道闸阀、雨水口、测量标志及各种地下管道的井盖，且不得妨碍其正常使用。开槽中若遇有其他专业的管道、电缆、地下构筑物或文物古迹等时，应及时与甲方、有关单位及设计部门联系，协同处理。

（3）电缆敷设

电缆若为聚氯乙烯绝缘电缆，均采用直埋形式，埋深不低于 0.8m。在过铺装面及过路处均加套管保护。为保证电缆在穿管时外皮不受损伤，将套管两端打喇叭口，并去除毛刺。电缆、电缆附件（如终端头等）应符合国家现行技术标准的规定，具备合格证、生产许可证、检验报告等相应技术文件；电缆型号、规格、长度等符合设计要求，附件材料齐全。电缆两端封闭严格，内部不应受潮，并保证在施工使用过程中，随用、随断，断完后及时将电缆头密封好。电缆敷设前先在电缆沟内铺砂不低于 10cm，电缆敷设完后再铺砂 5cm，然后根据电缆根数确定盖砖或盖板。

（4）电缆沟回填

电缆铺砂盖砖（板）完毕后并经甲方、监理验收合格后方可进行沟槽回填，宜采用人工回填。一般采用原土分层回填，其中不应含有砖瓦、砾石或其他杂质硬物。要求用轻夯或踩实的方法分层回填。在回填至电缆上 50cm 后，可用小型打夯机夯实。直至回填到高出地面 100mm 左右为止。回填到位后必须对整个沟槽进行水夯，使回填土充分下沉，以免绿化工程完成后出现局部下陷，影响绿化效果。

3. 配电箱安装

配电箱安装包括配电箱基础制作、配电箱安装、配电箱接地装置安装、电缆头制作安装等。

（1）配电箱基础制作

首先确定配电箱位置，然后根据标高确定基础高底。根据基础施工图要求和配电箱尺寸，用混凝土制作基础座，在混凝土初凝前在其上方设置方钢或基础完成后打膨胀螺栓用于固定箱体。

（2）配电箱安装

在安装配电箱前首先熟悉施工图纸中的系统图，根据图纸接线。对接头的每个点进行涮锡处理。接线完毕后，要根据图纸再复检一次，确保无误且甲方、监理验收合格后方可进行调试和试运行（调试时保证有两人在场）。

（3）配电箱接地装置安装

配电箱有一个接地系统，一般用接地钎子或镀锌钢管做接地极，用圆钢做接地导线，接地导线要尽可能直、短。

（4）电缆头制作安装

导线连接时要保证缠绕紧密以减小接触电阻。电缆头干包时首先要进行抹涮锡膏、涮锡的工作，保证不漏涮且没有锡疙瘩，然后进行绝缘胶布和防水胶布的包裹，既要保证绝缘性能和防水性能，又要保证电缆散热，不可包裹过厚。

4. 灯具安装

包括灯具基础制作、灯具安装、灯具接地装置安装、电缆头制作安装等。

（1）灯具基础制作

首先确定灯具位置，然后根据标高确定基础高度。根据基础施工图要求和灯具底座尺寸，用混凝土制作基础座，基础座中间加钢筋骨架确保基础坚固。在浇注基础座混凝土时，在混凝土初凝前在其上方放入紧固螺栓或基础完成后打膨胀螺栓用于固定灯具。

（2）灯具安装

在安装灯具前首先对电缆进行绝缘测试和回路测试，对所有灯具进行通电调试，确信电缆绝缘良好且回路正确，无短路或断路情况，灯具合格后方可进行灯具安装。安装后保证灯具竖直，同一排的灯具在一条直线上。灯具固定稳固，无摇晃现象。调试时保证有两人在场，重要灯具安装应做样板方式安装，安装完成一套，请甲方及监理人员共同检查，同意后再进行安装。

（3）灯具接地装置安装

为确保用电安全，每个回路系统都安装一个二次接地系统，即在回路中间做一组接地极，接电缆中的保护线和灯杆，同时用摇表进行摇测，保证摇测电阻值符合设计要求。

（4）电缆头的制作安装

电缆头的制作安装包括电缆头的砌筑、电缆头防水，根据现场情况和设计要求及图纸指定地点砌筑电缆头，要做到电缆头防水良好、结构坚固。此外，在电缆过电缆头时要做穿墙保护管，此时要做穿墙管防水处理。先将管口去毛刺、打坡口，然后里外做防腐处理，安装好后用防水沥青或防膨胀胶进行封堵，以保证防水。

（二）电气安装工程施工工艺技术

1.管线敷设

（1）电线管、钢管敷设

①设计选用电线管、钢管暗敷，施工按照电线管、钢管敷设分项工程施工工艺标准进行。要严把电线管、钢管进货关，接线盒、灯头盒、开关盒等均要有产品合格证。

②预埋管要与土建施工密切配合，首先满足水管的布置，其次安排电气配管位置。

③暗配管应沿最近线路敷设并减少弯曲，弯曲半径不应小于管外径的 10 倍，与建筑物表面的距离不应小于 15mm，进入落地式配电箱管口应高出基础面 50 ～ 80mm，进入盒、箱管口应高出基础面 50 ～ 80mm，进入盒、箱管口宜高出内壁 3 ～ 5mm。

（2）穿线

①管内穿线要严把电线进货关，电线的规格型号必须符合设计要求，并有出厂合格证，到货后检查绝缘电阻、线芯直径、材质和每卷的重量是否符合要求。应按管径的大小选择相应规格的护口，尼龙压线帽、接线鼻子等规格和材质均要符合要求。

②管内穿线应在建筑结构及土建施工作业完成后进行，选穿带线，两端留 10 ～ 15cm 的余量，然后清扫管道、开关盒、插座盒等的泥土、灰尘。

③穿线时注意同一交流回路的导线必须穿于同一管内，不同回路、不同电压的交流与直线的导线不得穿入同一管内，但以下几种情况除外：标准电压为 50V 以下的回路；同一设备或同一流水作业设备的电力回路和无特殊防干扰要求的控制回路；同一花灯的几个回路；同类照明的几个回路，但管内的导管总数不应多于 8 根。

④导线预留长度：接线盒、开关盒、插座盒及灯头盒为 15cm，配电箱内为箱体周长的 1/2。

2.配电柜（箱）安装

（1）开箱检查

柜（箱）到达现场应与业主、监理共同进行开箱检查、验收。柜（箱）包装及密封应良好，制造厂的技术文件应齐全，型号、规格应符合设计要求，附件备件齐全。主体外观应无损伤及变形，油漆完好无损，柜内原器件及附件齐全，无损伤等缺陷。

（2）柜（箱）的固定

先按图纸规定的顺序将柜做好标记，然后放置到安装位置上固定。盘面每米高的垂直度应小于 1.5mm，相邻两盘顶部的水平偏差应小于 2mm。柜（箱）安装要求牢固、连接紧密。柜（箱）固定好后，应进行内部清扫，用抹布将各种设备擦干净，柜内不应有杂物。

（3）母线安装

柜（箱）的电源及母线的连接要按规范及国际通行相位色杯表示，相位应正确一致，保证进线电源的相序正确。

（4）二次回路检查

送电及功能测试。检查电气回路、信号回路接线牢固可靠，进行送电前的绝缘电阻检查应符合有关规定。按前后调试的顺序送电分别模拟试验、连锁、操作继电保护和信号动作，应正确无误、灵活可靠。

（5）安装完毕后

应对接地干线和各支线的外露部分以及电气设备的接地部分进行外观检查，检查电气设备是否按接地的要求接有接地线，各接地线的螺丝连接是否接妥，螺丝连接是否使用了弹簧垫圈。

3. 灯具、开关安装

（1）灯具安装

①灯具、光源按设计要求采用，所用灯具应有产品合格证，灯内配线严禁外露，灯具配件齐全。

②根据安装场所检查灯具（庭园灯）是否符合要求，检查灯内配线。灯具安装必须牢固，位置正确，整齐美观，接线正确无误。3kg以上的灯具，必须用镁吊钩或螺栓，低于2.4m灯具的金属外壳应做好接地。

③安装完毕，测得各条支路的绝缘电阻合格后，方允许通电运行。通电后应仔细检查灯具的控制是否灵活，开关与灯具控制顺序是否相对应。如发现问题必须先断电，然后查找原因进行修复。

（2）开关插座安装

①各种开关、插座的规格型号必须符合设计要求，并有产品合格证。安装开关插座的面板应端正、严密并与墙面平、成排安装的开关高度应一致。

②开关接线应由开关控制相线，同一场所的开关切断位置应一致，且操作灵活，接点接触可靠。插座接线注意单相两孔插座左零右相或下零上相。单相三孔及三相四孔的接地线均应在上方。交、直流或不同电压的插座安装在同一场所时，应有明显区别，且其插座配套、均不能互相代用。

第七节　园林给水排水工程施工

一、园林给排水工程定义

园林给排水与污水处理工程是园林工程中的重要组成部分之一,必须满足人们对水量、水质和水压的要求。水在使用过程中会受到污染,而完善的给排水工程及污水处理工程对园林建设及环境保护具有十分重要的作用。

（一）园林给水工程

1. 园林给水工程功能和作用

为了安全可靠和经济合理地用水,为园林景观区内供应生活与服务经营活动所需的水,并满足对水质、水量、水压的标准要求,园林给水工程的水源有三种:地表水、地下水和引用邻近城市自来水。

2. 园林给水工程特点

园林给水工程特点,用水管网线路长、面广、分散,由于地形高度不一而导致的用水高程变化大,用水水质可据用途不同分别对待处理,在用水高峰期时应采取时间差的供给管理办法和饮用水以优质天然山泉水为最佳。

3. 园林给水工程特点用途

在园林工程的给水过程中,为节约用水,应该加强对水的循环使用;具体对水的用途大致可分为以下四项内容。生活用水如宾馆餐厅、茶室、超市、消毒饮水器以及卫生设备等的用水,养护用水如植物绿地灌溉、动物笼舍冲洗及夏季广场、园路的喷洒用水等,造景用水如水池、塘、湖、水道、溪流、瀑布、跌水、喷泉等水体用水以及消防用水如对园林景观区内建筑、绿地植被等设施的火灾预防和扑灭火用水。

（二）园林排水工程

1. 园林排水工程含义

水在园林景观区内经过生活和经营活动过程的使用会受到污染,成为污水或废水,须经过处理才能排放;为减轻水灾害程度,雨水和冰雪融化水等亦需及时排放,只有配备完善的灌溉系统,才能有组织地加以处理和排放。

2. 适用排水方式

园林排水工程根据实际情况,可采用渠、沟、管相结合的防水排水。

园林给排水工程以室外配置完善的管渠系统进行给排水为主,包括园林景观区内部生活用水与排水系统、水景工程给排水系统、景区灌溉系统、生活污水系统和雨水排放系统等。同时还应包括景区的水体、堤坝、水闸等附属项目。

一个良好的给排水系统可以为人们的生活提供便利，作为公共休闲场所的园林，在人们的生活中不可或缺，因此加强对园林给排水工程的施工工艺的研究，为园林工程建造一个完善的给排水系统是非常必要的。有利于为人们构建一个和谐生态的生活环境。

二、园林给排水工程施工工艺

（一）园林给排水工程施工工艺

1. 园林给水的特点

园林作为公共休闲场地，它的给水系统自有其特点。园林中各用水点较为分散，而园林一般地形起伏较大，所以各用水点高程变化也大，必要时，要安装循环水泵对水体进行加压，以保证各个用水点能有良好的供水。公园中景点多，各种公共场所也多，而这些地点的用水高峰期并不一样，这就可以分流错开时间供水，既保证用水量和用水质量，又不致影响其他部门供水。水在公园中不可缺少，但各个部门对于水的用途却不一样，这样对水质的要求也不一样。比如，食堂、茶社等地用水，作为饮食用水，对水质的要求自然高，一般以水质较好的山泉为佳，当条件不够时，还需考虑从外地引入山泉；养护用水则只需要对植物无害、没有异味、不污染环境即可；造景用水可从附近的江河湖泊等大型水源处引入。必须注意的是，对于生活用水特别是饮用水，必须经过严格净化和消毒，各项标准达到国家相关规定时才可使用。

2. 园林管网的布置与规划

在布置公园给水管网时，不仅要符合园内各项用水的特点，还需考虑公园四周的水源及给水管网布置情况，它们往往也会左右管网的布置方式。一般情况下，处于市区的公园给水管，只需一个接水点即可。这样既节约管材，又能减少水头损失。

3. 给水管网的安排形式

进行管网布置时，应首先求出各点的用水量，按用水量进行布管。

（1）树枝式管网

树枝式管网的布置方式简单，节省管材。因其布线形式就像树枝的分叉分支，故名为树枝式管网。它适用于用水较为分散的情况，如分期发展的大小型公园。但当树枝式管网出现问题时，影响的用水面就会很大，要避免这个弊端，就需要安装大量的阀门。

（2）球状管网

球状管网这种形式的管网很费管材，故投资较大。它是把给水管网设计闭合成环，方便管网供水的相互调剂。这种管网还有一个优点就是当某一段出现故障时也不会影响其他管线的供水，从而提高管网供水效率。

安装球状管网时，有以下几点需要注意：支管要靠近主要的供水点及调节设施，如水塔及其他高水位池；支管布置宜避开地形复杂难于施工的地段，尽量随地形起伏布置，以较少工程的土石方量，当然布置的时候，需要以保证管线不受冻为前提；管道不宜埋设过浅，其覆土深度应不小于70cm，对于高寒冻结地区的管道，要埋设于冰冻线以下40cm处。当然，管道也不应埋得过深而增大工程造价；支管应尽量避免穿越园路，最好埋设在绿地下面；管道与管道及其他管线之间的间距要符合规范要求；水管网的节点处要设置阀门井，方便检修，并在配水管上安装消火栓。

4. 灌溉系统的设计

长期以来，园林的喷灌一直采用拉胶皮管的方式，这不仅需要耗费大量劳力，而且容易折损花木，用水也不经济。随着我国城镇建设的快速发展，近年来，绿地面积也大大增加，人们对绿地质量的要求也越来越高，这种原始的方法已不能满足要求，迫切需要发展新的灌溉方式，实现灌溉的管道化和自动化。

（1）移动式喷灌系统

所谓移动式喷灌系统，就是指一种动力、水泵、管道和喷头皆可移动的灌溉系统。这种设备的投资少，机动性也强，适用于有天然水源和水网地区的园林绿地灌溉，在比较大型的综合性公园应用较广。只不过这种系统对管理的要求较高。

（2）固定式喷灌系统

固定式喷灌系统需要有固定的泵站和供水的支管。喷头一般固定于竖管上，也可临时再安装。有一种较为先进的喷头，用得很多。这种喷头不工作时，可缩于整管或检查井中，到需要使用时打开阀门喷头便可自动工作，既不妨碍地面活动，不影响景观，便于管理，操作也方便，节约劳力，且便于实现管理的自动化和遥控操作。但这种固定式喷灌系统的造价和维护费用较高。

（二）园林排水工程施工工艺

1. 地面排水

在我国，大部分公园都以地面排水方式为主，辅以沟渠、管道及其他排水方式。这种方式既经济，又便于维修，对景观效果的影响也较少。地面排水可归结为五个部分：拦、阻、蓄、分、导。拦就是把地表水拦截在某一局部区域。阻即在径流经过的路线上设置障碍物挡水，有利于干旱地区园林绿地的灌溉。蓄是采取一些设施进行蓄水，还可以备不时之需。分即将大股的地表径流多次分流，减少其潜在危害性。导是把多余的地表水和大股径流利用各种管沟排放到园外去。但地面排水有一个弊端，容易导致冲蚀。为解决这个问题，在园林及管线设计施工时，首先，要注意控制地面的坡度不致过大而增加水土流失；其次，同一坡度的坡长不宜过长，地形应有起伏；最后，要利用植物护坡防止地面冲蚀，一方面植物根部能起到固定土壤的作用，另一方面植物本身也有阻挡雨水，减缓径流的作用，所以这是防止地面冲蚀的一个重要手段。

2. 管渠排水

园林绿地一般采用地面排水方式，但在一些局部区域，如广场周围等难于利用地面排水的地方，则需采用开渠排水或者设置暗沟排水的方式。这些沟渠中的水可分别直接排入附近水体或雨水管中，不需要搞完整的系统。管渠的设置要求如下：雨水管的最小覆土深度不小于0.7m，具体按雨水连接管的坡度、外部荷载而定，特殊情况下，还得考虑冰冻深度。道路边沟的最小坡度为0.0002°；梯形明渠为0.0002°。在自然条件下，各种管道的流速不小于0.75m/s，明渠不小于0.4m/s。雨水管和雨水口连接管的最小管径也需符合规范要求，公园绿地的径流中枯枝落叶及夹带泥沙较多，容易造成管道堵塞，最小管径可适当放大。

3. 暗沟排水

暗沟排水这种方式适用于水流较大处，一般是在路边地下挖沟、垒筑，把雨水引至排放点后设置雨水口埋管将水排出，或者在挖地下暗沟以排除地下水。这种方式取材方便，造价低廉，且保持了地面的完整性，不影响景观效果。尤其适用于公园草坪的排水。

从水源取水，并根据园林各个用水环节对水质要求的不同分别进行对应的处理，然后将之送至各个用水点，这是给水系统。而利用管道以及地面沟渠等方式将各个用水点排出的水集中起来，经过处理之后再进入环境水体的过程则是排水系统。园林的给排水系统在园林生态系统的正常运转过程中发挥着重要作用，因此针对园林给排水工程的施工特点，提高给排水施工的技术水平对于保证园林的建设水平具有重要作用。

三、园林给排水施工技术

（一）园林给排水系统的施工特点

园林由于建设需要，通常其地面高低起伏较多，因此在给排水系统中需要设置数量较多的循环泵对水体进行加压，以保证整个给排水系统得以正常运转。同时，由于园林的项目较多，尤其是一些大型园林，其中就包括动物园等，其在早晚打扫以及动物饮水时需要大量的水，因此给排水系统应该能够满足各个时段的用水需求。另外，由于各个区域对水质的要求不同，给排水系统在设计过程中应该根据水体的种类进行分类施工，这样才能确保园林工程的给排水系统满足其对多种水质的不同要求。

（二）园林给水系统施工技术

在施工园林的给水管网的时候，除了要详细分析园区内的用水特点之外，还需要有效了解园林四周给水的情况，由于其会对给水网的布置路径和布置方式上带来非常直接的影响。一般情况下，园林存在于市区内部，在对给水进行引入的时候可以从一个接水点来予以完成，这样对节省管网的目的上不但能够予以实现，对水头的损失上还能够予以降低，将节能的作用发挥出来。

就园中植物的灌溉用水而言，现阶段，主要对喷灌系统进行了使用。拉胶皮管是传统园林喷灌一直以来使用的方式，这样不但容易对花木带来损伤，而且较大地消耗了劳动力，此外，对水资源上也会带来较大的浪费。近年来，我国的城镇建设进入了一个新的阶段，不断增加了绿地的面积，将较高的要求抛向了绿地的质量。对园林灌溉的需求上，这种原始的灌溉方式已经很难给予满足。因此，在城市园林灌溉系统中开始将自动化的喷灌系统引入了进来。可以将城市河流作为系统水源。城市给水系统也可以选择护坡工程，在具体的建设当中，需要按照具体的情况，将一个完善的供水网络建立起来。

同时，在布置管网的时候，可以对树枝式的管网和球状的管网进行使用，在设计施工的时候需要综合进行使用。

（三）园林排水施工技术

1. 地面的排水

地面排水是园林排水中非常重要的一种方式之一，在整个排水系统中有着非常重要的地位和作用。在对其进行使用的过程中有着较大的经济性。

针对已维修性、生态环境综合效益和经济性等方面进行斟酌，我国很多的园林工程中都对地面排水进行了使用，并将其作为一种比较重要的排水方式，此外，还有一些辅助的排水方式，即沟渠排水、河管道排水，这样一个综合性的排水管网就被构建了起来。

2. 管渠的排水

通常用地面排水方式排出园林中的水，然而，在一些部位，地面排水的方式应用起来会非常不方便。例如，广场的四周，这样就应该对开渠排水的方式上行进行使用，将暗沟设置出来。向附近水体的水管中能够将这些沟渠中的水分别直接排入进去，不用将完整的系统弄出来。

可以按照这样的方式设置管道：雨水管的最低覆盖深度要大于0.7米，具体依据外部荷载和雨水连接管的坡度来，在一些特殊情况下，对冰冻的深度上还要进行考虑。在自然的条件之下，对各个管道的流速上有一定的规定，通常要大于0.75m/s，明渠要大于0.4m/s。根据规范的要求来确定雨水管与雨水连接管的最小管径，有较多的泥沙和枯枝落叶会存在于公园绿地径流中，容易堵塞管道，因此，可以适当放大最小的管径。

第五章　园林工程管理

第一节　园林工程管理的基础认知

一、园林工程施工管理与时俱进的重要性

目前，随着我国园林工程设计和施工水平的不断提高，施工企业的不断发展壮大，市场竞争也越来越激烈，要想在激烈的市场竞争中求生存求发展，就必须提供优质、合理低价、工期短、工艺新的园林工程产品，从而与时俱进。但是，要生产一个品质优良的园林工程产品除合理的设计、工艺、施工技术水平、材料供应等外，还要靠科学有效的施工现场作为前提。施工现场管理水平的好坏取决于随机应变能力、现场组织能力、科学的人财物配置，以及市场竞争能力。

二、园林工程施工管理内容与作用

（一）从施工流程看，园林施工管理内容：

1.工程施工前准备

应详细了解工程设计方案，以便掌握其设计意图，并到现场进行确认考察，为编制施工组织设计提供各项依据。据设计图纸对现场进行核对，并依此编制出施工组织设计，包括施工进度、施工部署、施工质量计划等。认真做好场地平整、定点放线、给排水工程等前期工作。同时，做好物质和劳动组织准备。园林建设工程物资准备工作内容包括土建材料准备、绿化材料准备、构（配）件和制品加工准备、园林施工机具准备等。此外，劳动组织包括管理人员，有实际经验的专业人员以及各种有熟练技术的技术工人。

2.工程施工管理

对园林绿化工程施工项目进行质量控制就是为了确保达到合同、规范所规定的质量标准，通过一系列的检测手段和方法及监控措施，使其在进行园林绿化工程施工中得以落实。

（1）工艺及材料控制

施工过程严格按绿化种植施工工艺完成，施工过程中的施工工艺和施工方法是构成工程质量的基础，投入材料的质量不符合要求，工程质量也就不能达到相应的标准和要求，因此，严格控制投入材料的质量是确保工程质量的前提。对投入材料从组织货源到使用认证，要做到层层把关。

（2）技术以及人员控制

对施工过程中所采用的施工方案要进行充分论证，做到施工方法先进、技术合理、安全文明施工。施工人员必须要有一定的功底和园林建设的基础、专业水准，才能将设计图纸上复杂的多维空间组景和植物的定位、姿态、朝向、大小及种类的搭配，通过对施工图纸的设计理念要有所感悟和配合，调整与创造最佳的工程作品。应牢牢树立"质量第一，安全第一"的思想，贯彻以预防为主的方针，认真负责地做好本职工作，以优秀的工作质量来创造优质的园林绿化工程质量。

（3）工程质量检验评定控制

做好分项工程质量检验评定工作，园林绿化工程分项工程质量等级是分部工程、单位工程质量等级评定的基础。在进行分项工程质量评定时，一定要坚持标准、严格检查，避免出现判断错误，每个分项工程检查验收时均不可降低标准。

（4）工程成本控制

园林绿化施工管理中重要的一项任务就是降低工程造价，也就是对项目进行成本控制。成本控制通常是指在项目成本形成过程中，对生产经营所消耗的能力资源、物质资源和费用开支，进行指导、监督、调节和限制，力求将成本、费用降到最低，以保证成本目标的实现。

3. 工程后期养护管理

加强园林绿化工程后期养护管理是园林绿化工程质量管理与控制的保证。园林绿化工程后期养护管理不到位，将严重影响园林绿化工程景观效果，影响工程质量。因此，必须加强园林绿化工程后期养护管理工作，确保工程质量。

（1）硬质景观的成品保护

因园林景观工程建成后大多实行开放式管理，人流量大，人为破坏严重，因此，对成品的保护尤为重要。在竣工后，应成立专门的管理机构，建立一整套规章制度，由专人管理，对于出现损坏及时维修。

（2）绿化苗木的养护管理

绿化苗木的养护管理是保持绿化的景观效果、保障园林工程整体施工质量的重要举措。

（二）从工程项目看，施工管理内容：

工程开工之后，工程管理人员应与技术人员密切合作，共同搞好施工中的管理工作，即工程管理、质量管理、安全管理、成本管理及劳务管理。

1. 工程管理

开工后，工程现场行使自主的工程管理。工程速度是工程管理的重要指标，因而应在满足经济施工和质量要求的前提下，求得切实可行的最佳工期。为保证如期完成工程项目，应编制出符合上述要求的施工计划。

2. 质量管理

确定施工现场作业标准量，测定和分析这些数据，把相应的数据填入图表中并加以运用，即进行质量管理。有关管理人员及技术人员要正确掌握质量标准，根据质量管理图进行质量检查及生产管理，确保质量稳定。

3. 安全管理

在施工现场成立相关的安全管理组织，制订安全管理计划，以便有效地实施安全管理，严格按照各工程的操作规范进行操作，并应经常对工人进行安全教育。

4. 成本管理

城市园林绿地建设工程是公共事业，必须提高成本意识。成本管理不是追逐利润的手段，利润应是成本管理的结果。

5. 劳务管理

劳务管理应包括招聘合同手续、劳动伤害保险、支付工资能力、劳务人员的生活管理等。

三、加强园林施工管理的措施

（一）切实做好施工前准备工作

在掌握设计意图的基础上，根据设计图纸对现场进行核对，编制施工计划书，认真做好场地平整、定点放线、给排水工程等前期工作。

（二）严格按设计图纸施工

绿化工程施工就是按设计要求艺术地种植植物并使其成活，设法使植物尽早发挥绿化美化的过程，所以说设计是绿化工程的灵魂，离开了设计，绿化工程的施工将无从入手；如不严格按图施工，将会歪曲整个设计意念，影响绿化美化效果、施工人员对设计意图的掌握、与设计单位的密切联系、严格按图施工，是保证绿化工程的质量的基本前提。

（三）加强施工组织设计的应用

根据对施工现场的调查，确定各种需要量，编制施工组织计划，施工时落实施工进度的实施，并根据施工实际情况对进度计划进行适当调整，往往能使工程施工有条不紊，保证工程进度。在工程量大、工期短的重点工程施工上有十分显著的作用，特别是在园林工程上更加有必要加强施工组织设计的应用，施工组织机构需明确工程分几个工程组完成以及各工程组的所属关系及负责人、注意不要忽略养护组、人员安排要根据施工进度，按时间顺序安排。

（四）坚持安全管理原则

在园林施工管理过程中，必须坚持安全与生产同步，管生产必须抓安全，安全寓于生产之中，并对生产发挥促进与保证作用。坚持"四全"动态管理，安全工作不是少数人和安全机构的事，而是一切与生产有关的人的共同事情，缺乏全员的参与，安全管理不会有生机，效果也不会明显。生产组织者在安全管理中的作用固然重要，全员性参与安全管理也是十分重要的。因此，生产活动中对安全工作必须是全员、全过程、全方位、全天候的动态管理。

（五）采购环节严格把关

材料是建设的基础，也是确保工程质量与进度的关键因素。在园林设计施工过程中的材料采购，不仅包括了一般的土建材料采购和水电材料采购，还包括了园林景观造型材料的采购，如在园林景观塑山施工当中，出现的钢、砖骨架存在着施工技术难度大、纹理很难逼真、材料自重大、易裂和褪色等缺陷，为了节约成本，可采用一种新型的塑山材料——玻璃纤维强化水泥（GRC），可避免以上缺点。

第二节　园林施工企业人力资源管理

一、园林施工企业的业务特点

（一）业务内容多元

随着城市建设理念的进步和建设标准的提高，城市园林绿化的需求日益增大，由此带动园林行业结构逐渐变化、业务内容不断丰富。目前，园林施工企业涉及的业务范围已涵盖了城市绿化、生态修复和人文景观等内容，具体有道路绿化、地产绿化、广场公园建设、绿地湿地建设、厂区庭园绿化、风景名胜建设、屋顶及立面垂直绿化等。

从施工内容看，主要包括以下几方面内容：一是土方工程，主要包括地形塑造、场地整理、废土置换等；二是给排水工程，以植物灌溉、降水处理和盐碱处理为主；三是水景工程，包括小型水闸、驳岸、护坡、水池和喷泉等；四是假山工程，包括置石与假山布置、假山结构设施等；五是石材铺装工程，主要是园路和广场铺装为主的石材工程，六是绿化栽植工程，主要包括乔灌木种植、大树移植、地被草坪栽植等，还包括植物材料的养护管理；七是供电照明工程，主要包括道路照明、夜景灯光，以及游乐设施、影视音响、水景供电系统等，八是古建小品工程，包括以廊榭亭台为主的大型仿古建筑，也包括以休息、观赏、装饰、服务等为主的建筑小品。

（二）施工组织复杂

园林绿化施工从项目招标、原材料采购，到进场施工、养护管理等各个业务环节受自然和社会因素影响较多，造成组织复杂，管理困难。

1. 范围广，涵盖专业多

园林绿化施工的主要内容包括施工测量、地形整理、排水系统、给水系统、电气照明系统、小品工程（假山、雕塑、喷泉等）、建筑工程（如古典建筑）、装饰工程（铺装）、钢结构安装工程、绿化及养护工程、休闲体育设施及标识等。涵盖专业包括建筑、市政道路、装饰、给水、排水、电气、钢结构、绿化等。

2. 季节性强，反季节栽植量大

对于园林工程施工业务而言，苗木的种植与苗木资源在园林工程施工中的配置受季节性影响很大，尤其在北方地区，冬季寒冷，夏季酷热，大部分苗木不适宜栽植，但现在多数园林项目不考虑植物材料的季节性特点，必须规定时间段内完成施工，因此，即使进行复杂的技术处理，苗木成活率也得不到保证。同时，园林工程的施工还受雨雪天气等影响。

3. 工期紧，各工种交叉施工频繁

通常综合性园林工程由于社会影响力较大，领导及市民的期望值较高，预定工期大多不足，往往比正常工期减少较多，这就迫使施工单位调整组织设计，增加赶工措施，组织多工种交叉施工。

4. 变更量大，造价及施工成本控制难度大

造成园林绿化施工变更量大的原因主要有设计与现场脱节，图纸与现场不符，在方案阶段，设计单位往往仅凭委托单位提供的现状图及规划图设计，未到现场进行勘察测量复核，对现场地下状况更不了解；建设单位特别是有关领导对大型园林工程均寄予厚望，到现场视察指导较多，很多指导意见形成了建设单位的变更以及为了赶工期，在施工方案及材料上变更较多。

5. 战线长，施工空间小

城市中的园林绿化工程，多数是一条路一条街的美化，所以施工队伍会分散在较长的路段上，加上路街周边的空间有限，施工时的车辆、人员的回旋空间小；市区施工不可避免受行人、交通车辆等影响，不仅施工人员的安全系数不高，而且施工影响市民生命和财产安全的可能性也很大；同时还要考虑施工扰民、交通限行对工程车限制等因素。所以，施工组织的难度较大。

二、园林施工企业的人力资源结构特点

（一）类型多专业性强

园林学是一门融自然科学、工程技术与人文学科于一体的综合性交叉学科，所以，从事园林设计施工的企业需要建筑学、城市规划、农学、林学、景观设计、项目管理、工程预算等众多方面的人才，以及大量具备实际操作能力的中职院校毕业的技术人员。由于园

林施工企业大都多业态经营，每个业态之中还有非常多的业务分工，每一项业务的专业性是很强的，因此，园林施工企业必须具备各业务门类的专业人才，缺少哪一方面的人才都难以做好具体项目，甚至根本就竞争不到项目。当然，从园林工程建设的角度和企业的需求看，一个合格的园林人才要同时具备植物环境生态、建筑规划设计、艺术美学欣赏能力，这种复合型人才是企业竞争力的主要支撑力量。

但实际上同时具备多方面知识和能力的人才并不多，这与园林施工中各专业人才的知识和技能的跨度大、知识之间的契合度不大有关，也与当前高校对学生缺乏综合能力培养有关。例如，工科院校的园林专业往往是在建筑学专业基础上向园林方向的适当偏移，毕业生对植物知识了解不够；农林院校的园林专业的毕业生侧重于园林绿化，缺乏建筑设计能力；综合性大学的园林专业则偏重于区域规划或是对景观地理学的深化和延伸；艺术院校毕业生更偏重于视觉的感受，对园林的工程技术知识了解甚少。将多方面的专业技术全部融会贯通难度很大，所以目前许多园林专业人才相关知识欠缺，特别是整个园林行业缺乏擅长苗木养护、工程管理和预算、规划设计的综合型专业技术人才。

（二）层次多差异性大

虽然每一个企业的人员都可以分成不同的层级，但不同的企业其成员构成的层级是不太相同的，或层级相同但层级间的差距是不同的。园林施工企业既需要规划、设计和管理的领军人物，也需要负责某一业务领域的技术和管理骨干、具体实施项目的现场熟练技工和生产一线的工人。园林施工企业与高新技术企业相比，人员的层级多、层级之间的差距大；与相似的工程建设企业比较，又在规划设计高层次人才方面有自己的需求。所以，人员层次多差异性大，也导致人力资源管理的难度增加。

从总体上看，园林施工企业人员和人才的总体素质不高。园林施工企业的员工，是"城市的农民，农村的工人"，园林施工相较于其他工作类型，较为辛苦，较难吸引高素质人才。另外，劳动密集型作业，对学历要求不高，技术门槛相对较低，更有利于低素质人才进入。随着城市化进程不断加剧，不少农村人口受限于教育水平，纷纷进入建筑施工行业。园林施工作为建筑施工的分支领域，也是众多的教育水平劳动力选择的工作对象。

员工综合素质的高低，一方面，影响人员流动性。素质较高的员工会为自己设定更好的职业生涯规划，在选择工作上相对理性，稳定性一般较高；素质较低的员工，在工作选择上容易被外界因素甚至是情绪影响，稳定性一般较低；另一方面，影响工作质量。从短期看，员工素质对工作的完成质量和数量的影响不明显，从长远看，综合素质较高的员工更善于处理突发状况，持续优化工作流程，而综合素质较低的员工则缺乏处理突发状况的能力，环境适应性较差，缺乏优化工作流程的主动性。

综合来说，园林施工企业的人力资源发展尚处于初级水平，仍然有诸多地方有待完善。而这些有待完善的地方，正是制约企业更好发展的关键因素。

（三）人才少流动性大

目前，园林施工企业的人才缺口较大，一方面，社会对园林人才的评价水平较低，多数园林从业者认为社会地位不能从职位中彰显出来；另一方面，现存的园林人才的专业知识和技术水平参差不齐，不能满足多样化的工作需求。

不同的园林施工企业对人才的需求层次也有差异。大规模的园林施工企业（＞1000人）一般有多层次的人才需求，也设有多重园林人才岗位，从管理岗位到施工岗位，涵盖种类较多。中等规模的园林施工企业（500～1000人），人才需求层次则较少，对管理方面人才的需求，明显少于规模较大的园林施工企业，管理人才供应量大约少于较大园林企业50%，基层施工人员需求较为旺盛；小规模的园林施工企业（100～500人），则有更好的人才层次需求，一般对管理人才需求的比例是中等规模园林企业的40%，对基层人员需求旺盛。对于员工数量少于100人的施工企业，则缺乏管理人才需求意识，注重一线员工的招聘。一方面由于国内零散的施工企业较多，且缺乏系统管理思维，使得人才流失率较大。

日益发展的园林绿化市场和相对紧缺的人才资源的矛盾，高端园林施工人才具有较大的跳槽空间。在国有园林施工企业中，由于企业准事业单位性质的保障条件和相对规模较大带来的业务稳定性等因素，高层次人才的流动矛盾不很突出，而在民营小规模园林绿化企业，留住人才的难度很大，普遍面临人员流动居高不下的压力。在企业低端的施工人员方面，由于大量用工是自有或外包单位的农民工，临时性的特征比较明显，施工企业对其的约束力并不大，加上顶烈日、冒风雪的工作性质，人员的流动性较大，使得一线顶岗的熟练工很少。

人员流动性是企业稳定发展的前提条件，是影响企业发展至关重要的因素。一方面，企业稳定的人员结构有助于更好地创造价值，减少企业运营过程中产生的浪费；另一方面，市场更愿意接受人员稳定性强的企业，相信稳定的人员构成有助于工程保质保量完成。因而稳定的人员结构有助于企业增强自身抵御风险的能力，同时增加企业自身的竞争力。

第三节　园林工程招标投标与合同管理

一、园林工程招标投标管理

（一）招投标影响因素及流程

1.招投标概述

招投标即对工程、服务项目以及工程事先公布的要求，以特定的方式组织和邀请一定数量法人或者其他组织进行投标，由招标人公开进行招标，选择最后的中标人或者中标企业。

2. 影响工程招投标的因素

（1）相关法律法规建设还不够健全

建设工程招投标是在一个公平、公正、公开的平台上进行的竞争活动，是平衡市场的一种先进手段，是一个相互制约、相互配套的系统工程，由于我国招标投标制度起步晚，经验不足，与国外发达国家相比，招标投标方面的相关法律、法规体系尚不健全，行政监督和社会制约机制力度不够，往往在问题发生之前没有相关的整改措施。

（2）行政干预

招投标程序是相关行政部门制定的，在实际操作中行政部门具有监督权和管理权，不像发达国家的行政部门只是宏观管理，而不直接参与的方式，使得我国招投标难以实现公平竞争，许多工程项目招投标表面上看好像是招投标双方在平等互利的基础上进行交易，招投标的程序合理合法，但实际上在每个环节上都可能出现"指导性意见"，很多工程建设单位不能独立自主地进行，都要受来自各方面的行政力量的干预和制约。

（3）市场因素波动大

市场因素波动大，特别是影响工程造价的人工、材料、机械等价格变化。有地区差、季节差、年度差、品种差等，加之我国的市场经济实施较迟，其调控力度不大，还受很多因素影响和控制，招标单位和投标单位控制工程造价的难度都很大，易造成招标定价和投标报价的失控。

（4）标底随意和泄密

虽然我国实行了招标投标制度，受长期的习惯影响，建设单位的主观倾向性还是普遍存在的，加上行贿受贿、关系、情面等影响，标底极易泄露，保密性差，有时为了让自己心中的单位中标，标底编制很不严谨，为的是让其他投标单位偏离标底而流标。

（5）评标定标缺乏科学性

评标定标是招标工作中最关键的环节，也是最易出现问题的环节，其直接关系到招标方和投标方的切身利益，也直接影响工程的实施，是实现工程"三控制"目标的关键之一。要保证评标定标的公平合理，必须要有一个公正合理、科学先进、操作准确的评标方法。

（二）园林工程投标流程与管理

1. 园林工程投标前期工作

（1）认真研读招标文件和设计图纸

为了深刻领会招标文件的各种要求和规定，仔细分析设计图纸中作品与作品之间的相互关联，以及材质的构成、苗木品种的搭配等。

必须仔细研究设计的主题立意，提炼设计的中心重点内容，分析项目的技术难点，并科学说明解决技术难点的详细步骤，力求采用新材料、新方法、新工艺，以突出自身的技术优势。

（2）认真勘察施工现场的环境

投标环境是招标工程项目施工的自然、经济和社会条件。投标环境直接影响工程成本，因而要完全熟悉掌握投标市场环境，才能做到心中有数。主要内容：场地的地理位置；地上、地下障碍物种类、数量及位置；土壤（质地、含水量、PH值等）；气象情况（年降雨量、年最高温度、最低温度、霜降日数及灾害性天气预报的历史资料等）；地下水位；冰冻线深度及地震烈度；现场交通状况（铁路、公路、水路）；给水排水；供电及通信设施。材料堆放场地的最大可能容量，绿化材料苗木供应的品种及数量、途径以及劳动力来源和工资水平、生活用品的供应途径等。

（3）认真听取招标单位对项目施工的补充要求

在充分了解和明确招标文件与设计图纸内容之后，务必要了解投资方有什么新的意向，主观上还有什么其他设想。应在不违反招标文件规定，不影响工程施工质量的前提下，尽可能考虑和吸纳投资方的主观意向。这样制定出来的技术标，将更具有竞争力。

2. 优化施工方案

施工方案一方面是招标单位评价投标单位水平的主要依据，另一方面是投标单位实施工程的基本要领，通常都由投标单位的技术负责人来制订。一份优秀的施工方案无疑会在竞标过程中为本企业加分。在制订园林工程施工方案时，应注意如下两点。

（1）投标文件应当对招标文件提出的实质性要求和条件做出响应

投标文件内容应该结合施工现场具体条件，按照招标文件要求的工程质量等级和工期要求，根据施工场地条件、交通状况和工程规模大小，认真研究绿化施工图纸，结合自身的施工技术水平、管理能力等诸多因素，合理安排施工顺序和苗木栽种顺序，恰当选择施工机具，如何利用有利因素，规避不利因素，保障工程质量和工程进度。这些具体措施往往能得到业主赏识，从而达到出奇制胜的效果。在招标文件要求的情况下，施工单位如果发现有某些设计不合理并可以改进之处，根据自己的苗木来源和环境条件需要，在符合相关规范的要求下，可提出自己的优化设计或节约投资的设计变更。

（2）很多施工单位编制的投标书照搬教科书，具体措施缺乏可操作性

为避免这一现象的发生，投标书中提出的管理机构、施工计划、施工机械、苗木组织、各项施工技术措施（包括栽植措施、养护管理措施等）、安全措施、保洁措施等应真正符合园林招标的要求。

3. 做好预算编制工作

（1）校核工程量

由于现在的项目均采用量价分离的形式进行报价，因此，投标人在投标前一定要对招

标文件中的工程数量进行复核。

投标单位应根据招标文件的要求和招标方提供的图纸，先按工程量计算规则计算出工程量，以便于计算出整个项目的实际成本，然后再与招标单位提供的工程量清单进行比较和分析。

审核中，要视招标单位是否允许对工程量清单内所列的工程量来进行调整决定审核办法。如果允许调整，就要详细审核工程量清单内所列的各工程项目的工程量，对有较大误差的，通过招标单位答疑会提出调整意见，取得招标单位同意后进行调整；如果不允许调整工程量，则不需要对工程量进行详细审核，只对主要项目或工程量大的项目进行审核。

（2）准确套用定额

绿化种植工程中，工程苗木费用在预算造价中占有很大比重。不同于其他建材价格比较稳定的特点，苗木价格在不同季节价目都会有些变化，所以预算的编制要按照设计的时间套用当季苗木价格。

苗木费用的几种取定方法：地区性建设工程材料指导价格上有相应规格苗木单价的，按其作为苗木价。一般指材料采购并运输至施工现场的价格，没有特殊情况，不需增加苗木运输费用。指导价上没有的，参考上季度指导价或者附近省市公布的苗木价格的资料，综合考虑运输搬运费用作为苗木价。资料上都找不到的，可以咨询附近苗圃。

（3）土方工程费用

原地形标高、土壤质量符合绿化设计和植物生长要求不需另外增加土方时，可计算一次平整场地费用。原地形标高符合设计要求，少量土方质量不符合植物生产要求时，一般可采用好土深翻到表面，垃圾土深埋到地下的施工方法，按实际挖土量计算。原地形标高太低时，采用种植土内运的方法，按实际内运的土方量计算，运输距离较远的要考虑运输费用。原地形标高太高时，计算多余土方的立方数，套用相应挖土及土方外运的定额。

（三）城市园林工程招投标管理对策

1.建立完善的施工单位网络

对于城市园林工程招投标中存在的施工单位问题，应建立完善的施工单位网络系统，将整体实力较强的施工单位整理后发布到网络上，确保依法开展招投标工作，更加公开透明。

2.培养高素质人才

针对标底问题，应结合实际情况，培养一批更高素质、高水平的专业人才，不断强化这部分人员的专业素质和政治素质，能够全身心投入工作中，提升工作成效。在这部分群体中，可以选择一些实践工作丰富的人员进行重点培养，结合实际情况，深入地进行市场调查，编制符合市场工程造价的标底，并通过政府核查无误后，方可采用。

3.建立评标专家数据库

为了确保评标活动的准确性，保证招投标工作的公平、公正和公开，应建立评标专家数据库，将工程相关技术信息和经济信息整合在其中，需要注意的是，收集信息的这些专家应具有较高的业务素养，严于律己，明晰自身职责。以此来规避一些地方官员充当评标专家现象的出现，保证评标结果公正、公平、公开。

4. 加强法律合同意识

招投标工作应依法开展，首先需要具备较高的法律意识，提高对合同文本的重视程度，养成良好的合同意识，能够根据法律法规和相关政策，切实维护双方切身利益。

二、园林工程合同管理

（一）园林工程合同含义

工程合同是一种契约，是发包人、承包人、监理人、设计人等当事人之间依法确定、变更、终止民事权利义务关系的协议。园林工程合同主要针对园林绿化行业。依法签订的工程合同是工程实施的法典，竞争的规则，运行的轨道。

工程合同管理有两个层次：第一层次是政府对合同的宏观管理，第二层次是企业对合同实施的具体管理。

（二）园林工程合同风险控制主要分类

根据合同履行的阶段划分，园林工程合同风险控制分为事前控制、事中控制和事后控制。基于全流程管理模式，这里认为工程合同风险管理的范畴应该更加宽广，需涵盖至项目承接前。

（1）事前控制主要有对发包人的资讯解析、对项目的资讯解读、参与招投标。

（2）事中控制主要针对项目中标后图纸会审、合同签订和施工管理等过程。

（3）事后控制主要针对竣工结算和项目移交。

（三）园林工程风险控制内容

1. 事前控制

事前控制主要有对发包人的资讯解析、对项目的资讯解读、参与招投标。

（1）对发包人的资讯解析

主要了解合同履行的最重要主体——发包人的单位性质、品牌信用美誉度、财务状况付款能力等。属政府项目，则需进一步了解项目所在地政策投资环境是否良好，此类讯息关系到项目履行的难易。

（2）对项目的资讯解读

主要了解项目是否合法。有无用地、规划、施工许可、建设资金来源等相关的法律文件。

（3）参与招投标

主要是解读招标公告、招标文件、现场踏勘及询标等相关工作。

2. 事中控制

事中控制主要针对项目中标后图纸会审、合同签订和施工管理等过程。

（1）图纸会审

图纸会审是指园林工程各参建单位（发包人、监理人、施工人）在收到设计人施工图设计文件后，对图纸进行全面细致地解析，审查施工图中存在的问题及不合理情况并提交设计方进行处理的一项重要活动。

图纸会审由发包人组织并记录。通过图纸会审可以使各参建单位特别是施工人熟悉设计图纸、领会设计意图、掌握工程特点及难点，找出需要解决的技术难题并拟订解决方案，从而将因设计缺陷而存在的问题消灭在施工之前。

施工单位若对此环节重视度不够，因设计缺陷而经常会导致后续施工过程的不畅与被动。在图纸会审后发现有设计缺陷的，必须及时提出；发现有图纸漏项的，必须补充图纸。同时，必须进行工程量复核。复核的内容有工程量有误缺项、有误超出误差范围以及是否有未按照国家现行计量规范强制性规定计量的情况。

（2）合同签订

施工合同的组成主要有：合同协议书、通用合同条款及专用合同条款。

（3）施工过程管理

当工程合同签订后，接下来进入施工管理过程。在施工管理过程中的合同风险控制重点关注工程变更、工程索赔、工程资料收集。

①工程变更

主要关注变更的范围、变更的程序、变更估价及承包人的合理化建议。

变更的范围有发包人提出的设计变更、承包人提出的设计变更以及其他的合同内容变更。其他变更有双方对工程质量要求的变化（如涉及强制性标准的变化）、双方对工期要求的变化、施工条件和环境的变化导致施工机械和材料的变化等。

变更的程序为发生上述任何变更情形，务必要按照合同约定的变更程序签署完备相关文件资料。

变更估价是由于工程量清单漏项或设计变更引起的新的工程量清单项目，其相应综合单价由承包人提出，经发包人确认后作为结算的依据。

由于工程量清单的工程数量有误或设计变更引起工程量增减，属合同约定幅度以内的，应执行原有的综合单价；属合同约定幅度以外的，其增加部分的工程量或减少后剩余部分的工程量的综合单价由承包人提出，经发包人确认后作为结算的依据。

②工程索赔

工程索赔主要有工期延误、不利物质条件、异常恶劣的气候条件及暂停施工等。这里的工期延误是因发包人原因导致的工期延误。不利物质条件除专用合同条款另有约定外，是指承包人在施工场地遇到的不可预见的自然物质条件、非自然的物质障碍和污染物，包括地下和水文条件，但不包括气候条件。承包人遇到不利物质条件时，应采取适应不利物质条件的合理措施继续施工，并及时通知监理人。监理人应当及时发出指示，指示构成变更的，按合同约定办理。监理人没有发出指示的，承包人因采取合理措施而增加的费用和（或）工期延误，由发包人承担。

异常恶劣的气候条件是对气候正常相对而言的。所谓气候正常，是指气候的变化接近于多年的平均状况，比较合于常规和较适宜于人类的活动和农业生产。异常：是不经常出现的，如奇冷、奇热、严重干旱、特大暴雨、严重冰雹、特强台风等。它对人类的活动和农业生产有严重的影响。

发生以上任何一种情形，施工方必须严格按合同约定签署完备相关文件资料暂停施工，从工程合同履行的情况来看，工程索赔方面的工作经常被施工方忽视而导致利益受损。

③工程资料收集

工程资料收集工作贯穿施工管理的全过程，其完备程度关系到最终的工程结算的速度与利益。常规的文件资料如招投标文件、中标通知书、开工报告、施工合同等。其他重要的工程资料收集还包括会议纪要、复核记录、隐检记录、验收单、复测记录、照片影像资料及其他相关资料。共同构成完备的工程资料，是工程验收与结算的基础依据。园林企业在实际项目管理过程中，经常会忽视工程资料收集的完备度而因此影响工程竣工验收、拖延工程审计结算、降低工程利润。

④竣工图绘制

利用施工图改绘竣工图，必须标明变更修改依据；凡施工图结构、工艺、平面布置等有重大改变，或变更部分超过图面1/3的，应当重新绘制竣工图及盖上竣工图章方算合格。

3. 事后控制

事后控制主要指工程竣工验收后的竣工结算与工程移交阶段。如果事前控制与事中控制到位，事后控制就相对容易了。

（1）竣工结算

①重点关注结算依据

《建设工程工程量清单计价规范》包括施工合同、工程竣工图纸及资料、双方确认的工程量、双方确认追加（减）的工程价款、双方确认的索赔、现场签证事项及价款、投标文件、招标文件及其他依据。

②结算编制

在工程进度款结算的基础上，根据所收集的各种设计变更资料和修改图纸，以及现场签证、工程量核定单、索赔等资料进行合同价款的增减调整计算，最后汇总为竣工结算造价。

竣工结算是在工程竣工并经验收合格后，在原合同造价的基础上，将有增减变化的内容，按照施工合同约定的方法与规定，对原合同造价进行相应的调整，编制确定工程实际造价并作为最终结算工程价款的经济文件。

在调整合同造价中，应把施工中发生的设计变更、费用签证、费用索赔等使工程价款发生增减变化的内容加以调整。

竣工结算价款的计算公式：竣工结算工程价款＝预算或合同价款＋施工过程中预算或合同价款调整数额－预付及已结算工程价款－质量保证（保修）金。

③报送审计结算前重点审查内容

报送审计结算前重点审查内容有核对合同条款、核对设计变更签证、按图核实工程数量、严格按合同约定计价、注意各项费用计取以及防止各种计算误差，注意切勿漏项。

（2）工程移交

工程竣工验收合格后即开始养护阶段。关注养护质量，关系到最后移交时的结算。须注意提前与发包人对接，按期移交，尽快回收质量保证金，质量保证金是工程利润的重要组成部分。

园林工程从前期承接到施工管理再到最终移交，一般周期较长，涉及管理人员与事项较多，一旦某些环节管理控制不到位，就会影响到工程整体进程与利润，因此，需要全过程全方位管理。只有事前控制、事中控制与事后控制全跟上，才能将合同风险降至最低。

第四节　园林工程成本管理

一、园林工程成本管理

（一）成本管理概述

成本一般是指为了进行某项生产经营活动所发生的全部费用。项目成本是指项目从设计到完成（直至维护保养）全过程所耗用的各种费用的总和。

项目成本管理是指在项目实施过程中，为了确保项目在成本预算内尽可能高效地完成项目目标，使其所花费的实际成本不超过预算成本而对项目各个过程进行的管理与控制。

1. 项目成本管理原则

项目成本管理原则是强化项目成本概念，追求项目成本最低的原则；健全原始统计工作，实现全面成本管理原则；层层分解的原则；以及科学管理、切实有效的原则。

工程项目成本管理是在保证满足工程质量、工期等合同要求的前提下，采取组织、经济、技术等措施，实现预定的成本目标，并尽可能地降低成本费用、实现目标利润、创造经济效益的一种科学管理活动。

2. 项目成本控制的主要对象及内容

（1）对项目成本形成的过程进行控制

项目成本控制必须贯穿整个项目管理的始终，对项目成本要实行全面、全过程控制。控制内容：设计阶段的成本控制、工程招投标阶段的成本控制、施工阶段的成本控制、后期管护阶段成本控制。

（2）以项目的职能部门、施工单位和生产班组作为成本控制的对象

成本控制的具体内容是日常发生的各种费用和损失，项目的职能部门、施工单位和班组要对自己承担的责任成本进行自我控制。

（3）对分部、分项工程进行成本控制

对分部、分项工程进行成本控制，使成本控制工作做得更扎实、更细致，真正落到实处。

（4）以经济合同控制成本

项目都以经济合同为纽带建立契约关系，以明确各方的权利和义务。在签订经济合同时，除了要根据业务要求规定时间、质量、结算方式和履约奖罚等条款外，还强调要将合同的数量、单价、金额控制在预算收入以内。

成本控制的成本目标不应是孤立的，它应与质量目标、进度目标、效率、工作量要求等相结合才有它的价值。

（二）园林施工成本管理与控制

1. 园林施工实现成本控制的意义

对于企业来说，提高企业经营管理水平的重要手段之一就是实现园林施工中的成本控制。经营管理费用的支出和施工过程的消耗及损耗是施工过程中成本的两个主要部分，这两部分费用是不可或缺的支出项目，也是园林施工成本控制必须把握好的两个关键点。成本控制在合理范围内，不仅为企业节约了资金，也能为企业提高管理水平，树立良好企业形象。在实行该成本控制的过程中，要对项目施工生产的一些管理工作提出具体要求，比如供应物资、技术支持、工资发放和财务管理等工作，将这些要求开展起来，并形成各项控制指标和规章制度。其次，施工项目管理是企业管理的重要部分，控制好园林施工中的成本也是体现企业整体管理水平的重要部分。

2. 园林工程成本构成

企业在进行园林工程施工过程中使用机械、材料和其他一些费用进行监视与控制等，使企业每一笔钱都能用到实处，针对即将发生的错误或风险做出及时的控制，以寻求最低的支出，确保企业利润的损失和利润最大化称为成本控制。园林施工企业与其他性质的企业还有很大不同，园林企业的产品是景观，在整个建筑过程中不能实行标准化建设，因为地形及各种因素的影响设计图纸会有较大的变更，不能得到统一的标准的图集。由于园林

景观在建造的过程中所需要的材料较少，而且品种也比较多，所以，材料更新会比较快，这样在进行成本控制的时候也就缺少了可靠性，使施工成本管理变得无章可循。致使施工成本在控制过程中遭受重大困难，但是这也不代表施工成本无法预算、无法控制。

3. 加强园林工程成本管理的具体措施

（1）在招投标阶段中的工程成本管理

科学合理地编制招标文件将有利于建设单位有效利用招投标这一有效竞争手段对工程成本进行控制。因此，在工程量清单及标底编制过程中，一定要确保清单项目齐全，千万不要有任何遗漏，尤其是对施工图中没有明确表述的"三通一平"（水通、电通、路通和场地平整）和"五通一平"（通水、通电、通路、通信、通排水、平整土地）等。

（2）强化成本管理意识

园林工程项目成本管理要想取得成效，首要因素就是要强化成本管理意识，积极营造成本管理的氛围。园林绿化施工企业要采取一定的措施增强主管人员的成本管理观念，还要让参与到园林工程项目施工的每个人员都具备成本管理意识。建立相应的成本管理控制体系，也就是以项目经理作为成本管理的主要责任人，各个管理层和施工者踊跃参与的成本管理网络。在这个网络系统中，每一个环节都要肩负起成本管理的任务，从项目主要负责人、技术主管以及现场管理人员都要明确自己的成本管理责任，知晓所要达成的管理控制目标，这样才能切实提高园林工程项目成本管理成效。

（3）培养员工的成本控制意识

当前很多企业的建筑经济成本的管理和控制的水平不高，一个很重要的原因就是人员对成本控制的意识不足。因此，在实际的成本控制管理过程中，应该要加强员工相关意识的提升与发展。根据实际的情况严格地执行各种经济成本的管理工作。不仅要让建筑施工企业的员工都提升对成本管理的意识，在实际的工作中采取相应的措施进行成本控制和管理，而且要加强管理者的意识培养，采用各种激励措施调动员工的积极性，使得员工也能积极地参与到建筑经济成本的管理中来。

（4）重视成本管理队伍建设

施工企业内部成本机构和队伍关系到园林工程项目是不是有效实施的关键。要加强成本管理机构建设，调动园林施工项目人员的积极性，提高工作效率。对于项目经理来说，要把园林工程项目的具体状况详细告知其他管理人员，一起讨论关于园林施工项目成本管理的具体措施，还要确立在成本管理目标实现之后的奖励制度。园林工程项目管理人员要具备主人翁精神，用极大的热情投入园林施工中去。

（5）实施多环节、全过程的成本管理

首先，在园林工程设计方面，要充分利用原来的土地资源，比如，可以合理保留原有的植被或者发展乡土树种来进行种植，还可以利用一些野生植被资源，选择相对科学的种植方式，这样能够进一步降低园林工程的成本。其次，还可以使用节材措施，运用一些可以循环利用的材料，减少资源的消耗。最后，根据园林施工阶段的不同特点，采用不同的方式来进行成本控制。

（6）控制施工材料费

园林施工的材料成本是成本控制中的重要部分，约占 60% 的工程总成本。因为市场价格波动、供货渠道增加，选购材料需选择最优惠、高信誉的施工单位作为交易对象。预算员在工料分析和工程施工预算基础上，编制定额任务单。等到项目负责人核实好后由材料员、保管员、工长、会计各保留一份。材料员依据定额任务单、材料汇总表和工料分析表进行采购。若是大批量材料采购则由会计、预算员、材料员、负责人共同把关，签订合同，按照出厂价格采购，并分批送货。在材料进库时，保管员、质检员、工长、材料员要一起检查质量、核对数量，办理入库手续。如果材料需用量比任务单用量要多，应当由项目预算员、工长、负责人去查明原因，等补单审批后再发放。部分工程结束或者每月终，保管人员需将材料任务单和消耗表交予财务。

二、园林绿化工程施工成本管理

（一）园林绿化工程施工成本的内容

1. 园林绿化工程施工成本的定义

根据工程施工成本发生是否为施工工程项目服务而言，园林绿化工程施工成本有狭义和广义两种定义，狭义的工程施工成本即与建设实体的形成相关的成本，主要是指在项目施工现场耗费的人工费、材料费、施工机械使用费、现场其他直接费及项目经理为组织工程施工所发生的管理费用之和；而广义的工程施工成本是指园林绿化施工企业生产经营中，为获取和完成工程所支付的一切代价。由于狭义的工程施工成本仅局限于施工阶段的工程成本，带有片面性，这里讨论广义的工程施工成本。

2. 园林绿化工程施工成本的组成

根据狭义的工程施工成本的定义，考虑成本发生与建设实体的形成相关，工程施工成本由直接成本和间接成本组成，不包括利润及税金。再根据广义的工程施工成本的定义，在狭义的工程施工成本基础上，将企业管理费、部分项目利润和项目税金及部分企业税金列入施工项目成本是站在企业管理的角度，对施工项目进行全面成本核算的方法。

其中，企业管理费是施工企业的行政管理部门为组织和管理企业的生产经营活动而发生的各项费用，施工企业的企业管理费用核算的内容：职工工资和福利、折旧费、修理费、低值易耗品摊销、物料消耗、差旅费、办公费、工会经费、诉讼费、待业保险费、咨询费、业务招待费、无形资产摊销、技术转让费、递延资产摊销、技术开发费、职工教育经费、劳动保险费及坏账损失等；部分项目利润主要是考虑项目考核机制下，项目利润分成比例中项目管理部所获得的那部分利润；而部分企业税金主要是指土地使用税、房产税、车船使用税、印花税、企业所得税、营业税等进行的项目摊销税金。从上述的费用用途可以看出，企业管理费、部分项目利润和部分企业税金均为施工工程项目服务。

（二）园林绿化工程施工成本的特点

1. 园林绿化工程施工的综合性对成本的影响

园林绿化工程虽然在单体建设规模方面与建筑工程建设项目无法比拟，但其包含的专业分项工作并不比一般的建筑工程建设项目少。我国到目前为止，并没有出台对园林绿化工程分项的标准化的划分。在实际工作中，会把园林绿化工程分为狭义和广义两种，狭义的园林绿化工程一般包括园林土建分项、园林小品、绿化工程；而广义的园林绿化工程则涵盖了园林土建分项、园林装饰分项、园林小品、亮化分项、导向标识分项、园林水系分项、园林给排水分项、绿化种植及养护分项、其他特殊分项等。因此，无论是从狭义而言还是广义而言，园林绿化工程都包括了较多的零星分项工程，其工程施工内容的综合性决定了园林绿化工程施工成本具有明显的综合性。

2. 园林绿化工程施工的季节性对成本的影响

园林绿化工程中的绿化工程的实施对象是有生命的活体植物，而植物的生长规律是存在季节性因素的。绿化工程施工的目的是使植物在项目全寿命周期内保证成活并能够健康生长。只有在适合植物移植生长的季节中实施植物移植，才能够充分保证实施对象能够达到最佳的恢复生长的能力。但在实际施工过程中，工程项目的整体进度决定了绿化工程的实施时间，这就使得很难保证植物移植时间处于最佳的季节。于是就必须对种植的植物采取各项经济、技术和组织措施，方有可能保证项目全寿命周期内植物能够有效成活并健康生长。经济、技术和组织措施的实施，必然会带来项目成本的增加，另外，因为反季节种植而导致植物死亡率上升，最终造成的补植成本也会随之上升。因此，园林绿化工程的施工成本会受苗木生长的季节性规律影响，随着施工季节不同而出现明显差异，园林施工成本因此具有季节性。

园林绿化工程的季节性特点严重影响园林绿化工程的成本控制，是园林绿化工程施工成本控制的难点之一。解决项目整体工期需求与植物最佳种植时间之间的矛盾是园林绿化工程受季节性特点影响的最明显表现。由于施工实际进度不可能因为绿化工程的季节性影响而进行调整，因此，在实际施工过程中，园林绿化工程必须在不适合苗木移植和生长的季节采取特殊的经济、技术和组织措施，例如，冬季苗木移植和养护措施、夏季苗木移植和养护措施、雨季等特殊气候条件下的苗木移植和养护措施等。

3. 园林绿化工程施工的地域性对成本的影响

植物生长的季节性一般是指在相近的生长环境下，植物所表现出对季节的适应性。而植物生长的地域性也与其以植物为施工对象相关。植物对环境因素（光照、温度、水分、空气和土壤）的不同要求，决定了植物生长的地域性。

4. 园林绿化工程施工的持续性对成本的影响

项目的全寿命周期一般都有规定或合同双方约定，普通建筑工程的质保期间不会存在持续性的成本支出，但园林绿化工程项目的全寿命周期受其植物特性的影响，期限约定一般以植物是否成活为标准，特别是植物在移植以后会有较长一段时间的生命恢复期，这段时期被称为苗木成活期，其间会产生不间断的各项经济、技术和组织措施，这正是园林绿化工程持续性的表现。

植物的移植，如同人在动了手术以后一样，是需要有一段时间休养的，照顾得好，人的身体健康恢复也会比较快，反之可能会对人体造成二次伤害甚至导致死亡。园林绿化工程施工需要对绿化进行移植，移植过程中不可避免地需要对移植对象进行去叶、断根、修剪等技术操作，这就对原有苗木的生长系统造成了非常严重的破坏，苗木被移植到工程现场后，就必须要有相当长的一段时间来恢复其生长状态，为了避免移植对象的死亡、枯枝等现象发生，在这一段时期内，就必须要对移植对象不间断地进行必要的养护和补救措施，以提高苗木的成活率，直到苗木恢复自身的生长能力。在苗木成活期内对移植苗木进行不间断地养护和管理会使园林绿化成本呈现持续增长的趋势，这正是园林绿化工程的持续性特点对成本控制的影响。由此可见，虽然苗木成活期成本投入总额不大，但由于该项成本投入给项目带来的效益并不低，而且相对周期比较长，因此苗木成活期的成本控制是园林绿化工程成本控制的重点之一。

5. 园林绿化工程施工的艺术性对成本的影响

与一般建筑工程不同，园林绿化工程还涉及了美学、文学、艺术等相关领域，其艺术文化内涵相对较高。无论是古代园林还是现代园林，在建设和规划的初期，必然会结合当地的人文历史、园林项目与建址周边环境的融合、园林本身建设中的艺术特色等方面进行设计。

现代园林绿化工程追求感官优美的艺术表现，即便是在现代计算机图形技术如此发达的情况下，设计师可以通过计算机图形软件对园林绿化工程项目的初期设计在空间布局、构筑物设置及材料应用等方面进行虚拟的三维场景真实展现，但由于其在设计初期对艺术效果的实际感官无法完全获得，因此在施工过程中仍会发生非常大的设计变更率。这主要是由于置身实景中的真实空间感与虚拟的设计空间感的差别，造成初期设计功能缺失或过剩，材料选择受限等因素使园林绿化工程在施工过程中不得不发生较多的设计变更。

第五节　园林工程进度管理

一、项目进度管理

（一）项目进度管理概念

进度是指项目活动在时间上的排列，强调的是一种工作进展以及对工作的协调和控制。项目进度管理是项目管理三要素（时间、质量、成本）之一，凡是项目都存在进度问题，与成本、质量之间有着相互依赖和相互制约的关系。工程项目进度管理是对工程各分项、各阶段内容的合理安排，以达到工程目标完成时间的管理，关键在于要保证工程能在实际条件的限制下能够实现预期时间目标，工程项目进度管理在确保工程工期的同时，可以通过对资源的合理分配节约工程成本。

一般说来，在工期和成本之间，项目进展速度越快，完成的工作量越多，则单位工程量的成本越低。在工期与质量之间，一般工期越紧，如采取快速突击、加快进度的方法，项目质量就较难保证。项目管理的一个主要工作就是对时间、成本和质量之间进行协调管理，项目进度的合理安排，对保证项目的工期、质量和成本有直接的影响。科学而符合合同条款要求的进度，有利于控制项目成本和质量。仓促赶工或者任意拖延，往往会伴随着费用的失控，也容易影响工程项目的质量。

（二）项目进度管理的内容

项目进度管理的主要内容为项目进度计划的编制与控制。

项目进度计划的编制是在规定的时间内合理且经济的进度计划，包括多级管理的子计划。

项目进度计划的控制是在执行该计划的过程中，检查实际进度是否按原计划要求进行，若有偏差，要及时找出原因，采取必要的补救措施或调整原计划，直到项目完成。

1. 项目进度计划

项目进度计划由项目中各分项内容的排列顺序、起始和完成时间、彼此间的衔接关系等组成。项目计划将项目各个实施过程有机整合，为项目具体实施提供参考和指导，为项目进度控制提供依据，科学的项目进度计划可以使项目实施过程中的有限资源得到合理配置，更合理地安排协调项目实施中各部分的时间配置，为项目的如期完成提供有效保障。

2. 项目进度控制

项目进度控制是指完成项目进度计划后，在项目实施过程中对比实际与计划的差异，并通过分析、调整、恢复等形式，保证项目实际实施能够在计划目标内顺利完成的活动。

工程项目进度控制的关键在于做好两方面工作，一是要在进度计划的基础上，做好工程实际进度实施的监控对比工作，及时发现偏离计划的情况并进行有效分析；二是要在发现进度问题的基础上，快速正确地采取相应措施，调整实施安排，弥补损失工期，而要做到快速正确地采取措施，首先就要对影响工程进度的各种因素进行分析研究，在优化进度计划的基础上，针对具体影响表现制订相应措施预案和恢复方案。有效的项目进度控制，不仅可以保证项目如期完成，同时可以通过合理的资源配置和恢复措施，降低项目资源浪费和成本支出。

二、园林绿化工程进度管理方法

进度有计划的含义，是指项目活动在时间上的排列，强调的是一种工作进展以及对工作的协调和控制对于进度，通常还常以其中的一项内容——"工期"来代称，讲工期也就是讲进度。只要是项目，就有一个进度问题。项目进度管理的主要内容是项目进度计划编制和项目进度计划控制。项目进度计划编制是项目进度控制的前提和依据，是项目进度管理的主要内容。

（一）园林绿化工程项目进度计划的编制过程

1. 用工作分解结构（WBS）表述园林绿化工程项目范围与活动

在编制项目进度计划时，应首先对园林绿化工程项目的范围与活动进行定义，即确定项目各种可交付成果需要进行哪些具体工作。工作分解结构就是将项目按照其内在结构或实施过程的顺序进行逐层分解，把主要的可交付成果分解成较小的并易于管理的小单元。通过工作分解结构，使项目一目了然，项目的范围和活动变得明确、清晰、透明，便于观察、了解和控制整个项目。

2. 园林绿化工程项目的排序及责任分配

园林绿化工程项目排序首先必须识别出各项活动之间的先后依赖关系。园林绿化工程项目活动的逻辑关系主要有两种：一是因活动内在客观规律、工艺要求、场地限制、资源限制、作业方式等强制性依赖关系，是工作活动之间本身存在的，无法改变的逻辑关系；如种植工序的定点、挖穴、栽植，园路工程的道路放线、地基施工（填挖、整平、碾压夯实）、垫层施工（垫层材料的铺垫、刮平、碾压夯实）、基层施工、面层施工等都是无法改变逻辑的强制性依赖关系；二是人为组织确定的先后关系，一般按已知的"最好做法"或优先逻辑来安排。

强制性依赖关系的活动，通常是不可调整的，确定起来较为明确。对于无逻辑关系的那些工作活动，由于其工作活动先后关系具有随意性，常常取决于项目管理人员的知识和经验。

园林绿化工程需要项目角色和职责分派，以使工程项目职责分明、有效沟通。工作责任分配以工作分解结构表为依据，形成工作责任分配表。

3. 园林绿化工程项目的时间估算

项目时间估算是指在一定条件下，预计完成各项工作活动所需的时间长短。是编制项目进度计划的一项重要的基础工作。若工作活动时间估计太短，则会造成被动紧张的局面；估计太长，就会使整个工程的工期延长。一些园林绿化工程项目在时间估算时要充分考虑项目要求标准高低、项目难易程度、项目活动清单、合理的资源要求、人员能力、环境及风险因素等对项目的影响。

4. 园林绿化工程项目进度计划的编制

园林绿化工程项目进度计划编制方法主要有甘特图、里程碑计划、关键路线法、图表评审技术、计划评审技术、工期压缩法、模拟法、启发式资源平稳法和项目管理软件。园林绿化工程项目进度计划编制方法无论采用哪一种计划方法，都要考虑以下因素。

（1）项目规模

小项目应采用简单的进度计划方法，大项目为了保证按期按质达到项目目标，就需考虑用较复杂的进度计划方法。

（2）项目复杂程度

项目规模不一定总与项目复杂程度成正比。程序不复杂的，可以用较简单的进度计划方法。程序复杂的，可能就要较复杂的进度计划方法。

（3）项目的紧急性

项目急需进行，进度计划编制就应简洁、快速；如果还用很长时间去编制进度计划，就会延误时间。

（4）项目细节掌握程度

如果在开始阶段项目的细节无法分解，关键线路法（CPM）和计划评审技术法则无法应用。

（5）总进度是否由一两项关键事件所决定

如果项目进行过程中有一两项活动需要花费很长时间，而这期间可把其他准备工作都安排好，那么对其他工作就不必编制详细复杂的进度计划。

（6）项目的既有经验

如果项目经验丰富，则可采用关键线路法；如果项目经验不足，则可以采用计划评审技术法。

园林绿化工程项目进度计划的编制应分清主次，抓住关键工序，集中力量保证重点工序。要首先分析消耗资源、劳动力和工时最多的工序，确定主导工序；确定主导工序后，其他工序适当配合、穿插或平行作业，做到作业的连续性、均衡性、衔接性。

5. 园林绿化工程项目进度计划的弹性编制

园林绿化工程项目的苗木栽植具有较强的季节性、时间性，需把握栽植的季节与时点，在适宜栽植的季节种植，弹性可少一些；在非适宜的栽植季节种植，就需等待相对适宜的栽植时点，进度计划的弹性就要大一些。

园林绿化工程项目的土建施工，特别是土壤置换，受制于天气，多雨的季节弹性应大一些；晴朗、无雨季度进度计划弹性可少一些。

园林绿化工程项目为露天作业，不确定因素较多，应充分重视项目进度计划的储备分析，考虑弹性的应急时间或缓冲时间。

（二）园林绿化工程项目进度计划的技术方法与优化

1. 园林绿化工程项目进度计划的技术方法

常用的制订园林绿化工程项目进度计划的技术方法有以下六种。

（1）关键日期法

关键日期法是最简单的一种进度计划表，它只列出一些关键活动进行的日期。

（2）里程碑计划

里程碑是指可以识别并值得注意的事件，标志着项目上重大的进展。里程碑计划是一个战略计划或项目的框架，显示的是项目为达到最终目标必须经过的条件或状态序列，描述的是项目在每一个阶段应达到的状态，而不是如何达到。里程碑计划的编制应根据项目的特点，按项目可交付成果清单进行。

（3）关键路线法

关键路线法是项目进度计划中工作与工作之间的逻辑关系的肯定，运用统筹方法，透过关键工作节点首尾相连。项目网络图中的最长的或耗时最多的工作线路叫关键线路，关键线路上的工作就是关键工作。

（4）甘特图

甘特图，又称线条图或横道图，横轴代表时间，纵轴代表各个活动，活动的完成时间以长条表示，是进度计划最常用的一种工具。由于简单、明了、直观，易于编制的优势，因此成为小型项目管理中编制项目进度计划的主要工具。在大型工程项目中，也是高级管理层了解全局，向基层安排进度时最为有用的工具之一。

2. 园林绿化工程项目进度计划的优化

园林绿化工程项目进度计划的优化按目标通常分为工期优化、费用优化和资源优化三种。这些优化工作主要通过计算机软件来实现。这里介绍基本的优化原理和方法。

（1）工期优化

工期优化一般通过压缩关键路线的持续时间来达到其目的。在园林绿化工程项目实施中，主要通过技术措施，依靠专业技术能力直接缩短关键工作的作业时间；通过组织措施和管理措施，充分利用非关键活动的总时差，合理调配技术力量、人力、财力、物力等各项资源，依靠先进的管理手段来缩短关键工作的作业时间。

（2）费用优化

费用优化又叫工期——费用优化，即寻找总费用最低的工期。主要方法有线性规划法、动态规划法和网络流算法等。

（3）资源优化

资源优化也称工期——资源优化，分两种情况：一是资源有限——工期最短的优化，调整计划安排以满足资源限制条件，并使工期拖延最少的过程；二是工期固定——资源均衡的优化，调整计划安排，在工期保持不变的条件下，使资源需用量尽可能均衡的过程。

第六节　园林工程质量管理

一、组建项目经理部并规划施工管理目标

（一）组建项目经理部

施工项目经理部尚未设置和人员配备要围绕代表企业形象、实现各项目目标、全面履行合同的宗旨来进行。综合各类企业实践，施工项目经理部可参考设置以下五个管理部门，即预决算部，主要负责工程预算、合同拟定保管、工程款索赔、项目收支、成本核算及劳动分配等工作；工程技术部主要负责施工机械调度、施工技术管理、施工组织、劳动力配置计划及统计等工作；采购部，主要负责材料的询价、采购、供应计划、保管、运输、机械设备的租赁及配套使用等工作；监控部，主要监督工程质量、安全管理、消防保卫、文明施工、环境保护等相关工作；计量测试部，主要负责测量、试验、计量等工作。

（二）规划施工项目管理目标

施工项目规划管理是对所要施工的项目管理的各项工作进行综合而全面的总体计划，总体上应包括的主要内容有项目管理目标的研究与细化、管理权限与任务分解、实施组织方案的制订、工作流程、任务的分配、采用的步骤与工艺、资源的安排和其他问题的确定等。

施工项目管理规划有两类：一类是施工项目管理目标规划大纲，这是为了满足招标文件要求及签订合同要求的管理规划文件，是管理层在投标之前所编制的，目的是为了作为投标依据；另一类是施工过程的控制和规划，是投标成功后对施工整个工程的施工管理和目标的制定。

二、制定制度和规范

建立了项目经理负责制，有了明确的施工目标，就要有明确的制度和规范进行管理和控制，这也是园林工程质量管理与控制必须采用的手段和方法。

（一）选用优秀人才，加强技术培训工作

人始终是项目的关键因素之一，在园林工程中，人们趋向于把人的管理定义为所有同项目有关的人，一部分为园林项目的生产者，即设计单位、监理单位、承包单位等单位的员工，包括生产人员、技术人员及各级领导；另一部分为园林项目的消费者，即建设单位的人员和业主，他们是订购、购买服务或产品的人。

项目优秀人才的选用就是要不断在人力资源的管理中获得人才的最优化，并整合到项目中，通过采取有效措施最大限度地提高人员素质，最充分地发挥人的作用的劳动人事管理过程。它包括对人才的外在和内在因素的管理。所谓外在因素的管理，主要是指量的管理，即根据项目进展情况及时进行人员调配，使人才能及时满足项目的实际需要而又不造成浪费。所谓内在因素的管理，主要是指运用科学的方法对人才进行心理和行为的管理，以充分调动人才的主观能动性、积极性和创造性。

园林工程项目部人力资源的培训和开发是指为了提高员工的技能和知识，增进员工工作能力，促进员工提高现在和未来工作业绩所做的努力。培训集中于员工现在工作能力的提高，开发着眼于员工应对未来工作的能力储备。人力资源的培训和开发实践确保组织获得并留住所需要的人才、减少员工的挫折感、提高组织的凝聚力、战斗力，并形成核心竞争力，在项目管理过程中发挥了重要作用。

在提高员工能力方面，培训与开发的实践针对新员工和在职员工应有不同侧重。为满足新员工培养的需要，人力资源管理部门可提供三种类型的培训，即技术培训、取向培训和文化培训。新员工通过培训可熟悉公司的政策、工作的程序、管理的流程，还可学习到基本的工作技能，包括写作、基础算术、听懂并遵循口头指令、说话以及理解手册、图表和日程表等。对在职员工的能力培训可分为与变革有关的培训、纠正性培训和开发性培训三类。纠正性培训主要是针对员工从事新工作前在某些技能上的欠缺所进行的培训；与变革有关的培训主要是指为使员工跟上技术进步、新的法律或新的程序变更以及组织战略计划的变革步伐等而进行的培训；开发性培训主要是指组织对有潜力提拔到更高层次职位的员工所提供的必需的岗位技能培训。

（二）建立健全施工项目经理责任制

1. 项目经理承包责任制的含义

企业在管理施工项目时，应实行项目经理承包责任制；施工项目经理承包责任制，顾名思义是指在工程项目建设过程中，用于明确项目承包者、企业、职工三者之间责、权、利关系的一种管理方法和手段。它是以项目经理负责为前提，以工程项目为对象，以工程项目成本预算为依据，以承包合同为纽带，以争创优质工程为目标，以求得最佳经济效益和最佳质量为目的，实行从工程项目开工到竣工验收交付使用以及保修全过程的施工承包

管理。

2. 项目经理承包责任制度

施工项目经理部管理制度是项目经理部为实现施工项目管理目标、完成施工任务而制定的内部责任制度和规章制度。责任制度是以部门、单位、岗位为主体制定的制度、规定了各部门、各类人员应该承担什么样的责任、负责对象、负具体责任、考核标准、相应的权利以及相互协作等内容，如各级岗位责任制度和生产、技术、安全等管理责任制度。

施工项目经理责任制要求项目经理部要进行以下工作内容：施工项目管理岗位的制定，施工项目技术与质量管理制度的制定与实施，图样与技术档案管理制度，计划、统计与进度报告制度，材料、机械设备管理制度，施工项目成本核算制度，施工项目安全管理制度，文明生产与场容管理制度，信息管理制度，例会和组织协调制度，分包和劳务管理制度，以及内外部沟通与协调管理制度等。

三、做好园林工程施工现场管理

在有了责任制和规范的制度之后，则要对园林工程施工实施过程进行规范的管理，确保制定的规范和标准得到执行和落实。

（一）全员参与，保证工程质量

园林工程施工质量的优劣直接取决于园林工程中每一位员工的质量，他们的责任感、工作积极性、工作态度和业务技能水平直接影响着园林工程的质量。项目经理部要对园林工程的员工进行培训和管理，调动每个人的积极性，从项目管理目标的角度出发，严格要求，增强质量意识和责任感。与此同时，也要制定相应的奖惩制度，对员工施工中的质量问题进行控制，要奖罚分明，具有说服力和指导性，使每位参与施工的人员都有非常强的质量意识，进而确保工程质量和各项计划目标顺利实现。

（二）严格控制工程材料的质量，加强施工成本管理

园林工程项目材料管理是指对园林生产过程中的主要材料、辅助材料和其他材料的使用计划、采购、储存、使用所进行的一系列管理和组织活动。主要材料是指施工过程中被直接采用或者经过加工、能构成工程实体的各种材料，如各种乔、灌、草本植物以及钢材、水泥、沙、石等；辅助材料是指在施工过程中有助于园林用材的形成，但不直接构成工程实体的材料，如促凝剂、润滑剂、枯贴剂、肥料等；其他材料则是指虽不构成工程实体，但又是施工中必须采用的非辅助材料，如油料、砂纸、燃料、棉纱等。

园林工程进行材料管理的目的，一方面是为了确保施工材料适时、适地、保质、保量、成套齐全地供应，以确保园林工程质量和提高劳动生产率；另一方面是为了加速材料的周转，监督和促进材料的合理使用，以降低材料成本，改善项目的各项经济技术指标，提高项目未来的经济收益水平。材料管理的任务可简单归纳为合理规划、计划进场、严格验收、

科学存放、妥善存、控制收发、使用监督、精确核算等。

园林工程施工过程中，土建部分投入了大量原材料、成品、半成品、构配件和机械设备，绿化部分投入了大量的土方、苗木、支撑用具等工程材料，各施工环节中的施工工艺和施工方法是保证工程质量的基础，所投入材料的质量，如土方质量、苗木规格、各类管线、铺装材料、灯具设施、控制设备等材料不符合要求，工程完工后的质量也就不可能符合工程的质量标准和要求，因此，严把工程材料质量关是确保工程质量的前提。对投入材料的采购、询价、验收、检查、取样、试验均应进行全面控制，从货源组织到使用检验，要做到层层把关，对施工过程中所采用的施工工艺和材料要进行充分论证，做到施工方法合理，安全文明施工，进而提高工程质量。

（三）遵循植物生长规律，掌握苗木栽植时间

园林工程施工又和植物是密不可分的，有其特殊的要求，园林工程的好坏在很大程度上也取决于苗木成活率。苗木是有生命的植物，它有自身的生长周期和生长规律，种植的季节和时间也各自不同，如果忽略其生长周期和自身生长规律的特点，园林工程质量就无法得以保证。所以，在园林施工的时候，要掌握不同苗木的最佳栽植时间，在适宜的季节进行栽植，提高苗木成活率，保证工程质量。

（四）全面控制工程施工过程，重点控制工序质量

园林工程具有综合性和艺术性，工种多、材料繁杂。对施工工艺要求较高，这就要求施工现场管理要全面到位，合理安排。在重视关键工序施工时，不得忽略非关键工序的施工；在劳动力调配上关注工序特征和技术要求，做到有针对性；各工序施工一定要紧密衔接，材料机具及时供应到位，从而使整个施工过程在高效率、快节奏中开展。

在施工组织设计中确定的施工方案、施工方法、施工进度是科学合理组织施工的基础，要注意针对不同工作的时间要求，合理地组织资源，进而保证施工进度；同时搞好对各工序的现场指挥协调工作，科学地建立岗位责任制，做好施工过程中的现场原始记录和统计工作。

（五）严把园林工程分项工程质量检验评定关

质量检验和评定是质量管理的重要内容，是保证园林工程能满足设计要求及工程质量的关键环节。质量检验应包含园林质量和施工过程质量两部分。前者应以景观水平、外观造型、使用年限、安全程度、功能要求及经济效益为主，后者却以工程质量为主，包括设计、施工和检查验收等环节。因此，对上述全过程的质量管理行成了园林工程项目质量全面监督的主要内容。

质量验收是质量管理的重要环节，搞好质量验收能确保工程质量，达到用较经济的手段创造出相对最佳的园林艺术作品的目的。因此，重视质量验收和检验，树立质量意识，

是园林工作者必须具备的观念。

（六）贯彻"预防为主"的方针

园林工程质量要做到积极防治，不能有了问题才开始控制，预防为主就是加强对影响质量因素的控制，对投入的人工、机械、材料质量的控制，并做好质量的事前、事中控制，从对材料质量的检查转向对施工工序质量的检查，对中间过程施工质量的检查。

第六章 园林苗木生产培育工作

第一节 园林育苗技术

现代育苗是应用先进的科学技术、现代的设施和现代的经营管理从事育苗。其要点是育苗技术科学化、标准化，育苗操作管理省力化、机械化和自动化。

一、现代育苗方式和方法

育苗技术内容广泛，包括育苗方式和方法，即育苗所采取的技术途径和相应的技术措施。而这又与经营管理和设施有关。育苗方式总的发展趋势是逐渐向多样化、高效、省力的方向发展。

（一）保护地育苗

保护地育苗是人为设置的保护设施中建苗床进行育苗的方式。随着塑料薄膜的推广应用，已大多改为塑料薄膜覆盖的保护设施育苗。在蔬菜早熟栽培和花卉的花期控制上，利用保护地育苗，采用不同技术，培育不同苗龄的苗再行定植，表现出不同季节多样化的育苗方式。

（二）容器育苗

为了缩短育苗期，提高育苗质量和有利于机械化、自动化操作、大规模经营，近十年来，营养钵、营养块等容器育苗迅速发展。为了适应不同作物类型，生产者要求的苗木大小不同，育苗容器种类、型号也日益增多，更有利于苗木生长发育。容器育苗培养土、苗床培养土随着科学技术的发展，配制的成分更为合理，更适于苗木新陈代谢的要求。采用机械化、自动化，配制出种类更多、理化性能良好的人工培养土或培养液。

（三）试管育苗

无性繁殖的园艺作物，传统的扦插、嫁接育苗方法繁殖系数较低，并且受季节的限制。组织培养技术能使茎尖等分生组织快速繁殖，在许多园艺作物中已达到实用阶段，而且已获得如草莓、马铃薯、大蒜等脱毒苗，并使那些用传统方法难以繁殖的园艺作物也得以繁殖成功，有利于快速、高密度、周年的育苗，为实现工厂化育苗开辟了新途径。

（四）工厂化育苗

工厂化育苗是指机械化操作的、在室内高密度集中育苗的方式。是作物现代育苗发展的高级阶段，它应用控制工程学和先进的工业技术，不受季节和自然条件限制，能够按一定的工序进行流水作业。也就是应用现代化设施温室，标准化的农业技术措施，机械化、自动化手段，使苗木生育能处于最佳的综合控制环境中，高效率地在短期内培育出大量优质苗的育苗方式。

二、现代育苗技术的作用

现代育苗技术的应用，对促进栽培、育种和科学研究作用是明显的。主要表现在：能够高效、快速、省力地育成壮苗。可自动科学地调节苗的培育环境条件，显著提高育苗效果。应用流水线机械操作工效高，如每小时可制成营养土块 1 万～3 万块，同时还可将小苗移到营养土块中。因人为控制环境提供了生长发育的最佳条件，使少量在常规下难以成苗的珍贵材料能高速地大量繁殖。而且这种育苗不需占用肥力较好的土地。

三、现代容器育苗

容器育苗是现代园林育苗技术的主要环节，是 20 世纪六七十年代发展起来的一种育苗技术。由于它适应性强，生长快，根系完整，培育周期短，节约籽种，成活率高，保存率高，有利于培育优质壮苗和林木速生丰产以及便于机械化等特点，因而国内外发展速度较快。

（一）容器育苗特点

1. 容器育苗优点

发芽率高，节省种子；有利于培育优质壮苗；可缩短育苗年限，育苗工序少；可提高苗木移植成活率，移植后没有缓苗期，生长快，质量好；延长绿化植树的时间，不受植树季节的限制，便于劳动力的调配；培育时可以不占用肥力较好的土地，不受土壤条件的限制；苗圃均匀整齐，适合于机械化作业，有效地提高了劳动生产率；苗木均匀整齐，适合于机械化作业，有效地提高了劳动生产率。

2. 容器育苗缺点

容器育苗单位面积产苗量低；容器育苗成本较高；容器育苗操作技术比一般育苗繁杂。

（二）容器育苗的基本条件

1. 容器类型及规格

容器材料采用废弃的纸杯、小塑料袋，容器形状应本着节约能源，就地取材，经济实用，符合苗木生长发育的要求选取，绝大多数以废弃纸杯为原料。形状分有底和无底两种，有底容器打有 0.30cm 大小的排水孔 6～8 个，有些地方采用专门加工的容器袋，要求育苗技术科学化，达到良种育苗，科学管理。容器规格根据培育树种和造林立地条件而定，培育阔叶树种，容器规格较大，一般直径 8～10cm，高度 20～24cm，培育针叶树种，容器规格较小，一般直径 5.50 ~ 7.50cm，高度 15 ~ 20cm。

2. 育苗基质成分及配制比例

不同国家和地区由于科学技术水平、当地资源条件、自然环境不同，所以采用的基质成分和比例也有较大区别，我国容器育苗常用基质有黄土、腐殖质土、腐熟有机肥、过磷酸钙、细沙等。一般选择育苗基质常具备以下条件：①能就地取材或价格便宜；②不会因温度和水分的变化发生变化、变质或板结，理化性质稳定；③保水、排水、保肥性能好，通气性好；③重量轻，便于运输；④具有一定的肥力，含盐量低，能长期供应种子发芽和幼苗生长所需的各种营养物质，酸碱度适中；⑤使用前应进行高温或熏蒸消毒，要求不带草种、害虫、病原体等。

第二节　苗木移植

移植、移栽是同义词，是指在一定时期把生长拥挤的较小苗木起出来，在移植区内按规定的株行距栽种下去，这一环节是培育大苗的重要措施。

苗木移植这一项措施，在育苗生产中起着重要作用：移植扩大了地下营养面积，改变了地上部的通风透光条件，减少病虫害，因此使苗木地上地下生长良好。同时使树冠扩大的空间，可按园林绿化用苗的要求发展。移植切去了部分主、侧根，促进须根发展，有利于苗木生长，可提前达到苗木出圃规格，也有利于提高园林绿化种植施工时的成活率。移植中对根系、树冠进行必要的、合理的修剪，人为地调节了地上地下部分生长的平衡，使培育的苗木规格整齐、枝叶繁茂、树姿优美。

保证移栽成活的基本原理就是如何解决地上部分和根系间水分及营养物质相对平衡的办法。理论与实践均认为，保证移栽成活的基本原理在于根据树种习性，掌握适当的移栽时期，尽可能减少根系损伤，适当剪去树冠部分枝叶，及时灌水，创造条件来正确地调整地上部分与根系间生理平衡，并促进根系与枝叶的恢复与生长。

移植的技术措施包括起苗、分级、修剪和栽植等项，起苗和分级与出圃的起苗分级相同。移植时的修剪主要是剪去过长的，劈裂的和无皮的根、病枝、枯枝和过密枝等，留根的长度要依不同的树种、苗木的大小而定。剪口必须平整以利于愈合。苗木修剪后应立即进行栽植，如一时栽植不完，应当把苗木假植在背阴而湿润的地方。

一、移植的时期

移植时期取决于当地气候条件、树种的生物学特性和劳力的安排。一般在春、秋两季移植，个别地区和树种可在雨季移植。春季是主要的移植季节，绝大多数树种都可春植，应在早春土壤解冻后树液开始流动前进行，尤其是常绿针叶树种，由于生长量集中在春季和初夏的一个短时期，更应及早移植，早春移植由于土壤水分条件较好，当苗木地上部分开始萌发时，根系已得到初步的恢复，能够开始吸收水分供地上部分需要，使苗木体内能够保持水分平衡，易于成活。温暖湿润的地区也可在秋季移植，秋季移植应在苗木地上部分停止生长而根系尚未停止活动时及早进行，以便在移植后使根系得到恢复生长，提高移植成活率。由于苗圃中很多工作都集中在早春，所以有必要把一部分移植工作提前到秋季完成，以缓和春季劳力的紧张状况。但小苗一般不宜秋植，切忌在严寒天气来临前移植。有些常绿树种可在梅雨季节的初期进行移植。

移植要避免在风吹日晒的情况下进行，最好选择多云或阴天无风的天气，但切忌在雨天或土壤过湿的情况下进行，因为土壤泥泞往往使苗木根系不易舒展，会影响成活和以后的生长，同时还会破坏土壤的结构。

二、移植的密度

移植密度就是单位面积移植的株数或移植株行距的大小。合理的移植密度以能保证在移植后苗木有足够的营养面积和能提高单位面积苗木产量为原则。具体应根据苗木生长速度、苗木的枝条和根系的扩展程度、移植后留床培育年限、抚育管理的方法以及圃地自然条件等因素来确定。一般造林苗木移植后培育 1 ~ 2 年的，株距为 15 ~ 40cm，行距 30 ~ 80cm。通常阔叶树种的移植比针叶树种要稀些，苗木喜光性强的、生长迅速的、枝条横向扩展的、侧根发达的、留床年限长的、圃地土壤肥沃、气候温暖的，一般移植的株行距要大些。如果行间使用畜力或机引工具中耕，则行距应适当扩大。供作行道树和园林绿化用的大苗，培育年限较长，要求培育成通直良好的主干，发育匀称的树冠，且具有发达的根系，移植密度不宜过大，一般以估计留床期间枝叶不致互相接触为度。一般阔叶树培育 2 ~ 4 年，移植一次即可，株距可为 0.4 ~ 0.6m，行距 0.5 ~ 1m，初期可在行间施绿肥。生长较缓慢的松柏类常绿树，为了合理利用土地和促进须根的生长，可移植 2 ~ 3 次，第一次移植的株行距不宜太大。

三、移植的次数

一般来说，园林里应用的阔叶树种，在播种或扦插苗龄满一年即进行第一次移植，以后根据生长快慢和株行距大小，每隔 2 ~ 3 年移植一次，并相应地扩大株行距。目前，各生产单位对普通的行道树、庭荫树和花灌木用苗只移植两次，在大苗区内生长 2 ~ 3 年，苗龄达到 3 ~ 4 年即行出圃。

四、移植的注意事项

为了提高移植成活率，要求做到随起苗，随移植。为使苗木移植后生长整齐，便于抚育管理，减少苗木分化现象，提高出圃率，起苗后要进行分级，并剔除弱苗与废苗，将各级苗木分区栽植。移植前苗木要进行适当修剪。深根性树种的苗木，为促进侧根发达和便于移植，避免根系卷曲，可将过长的主根适当剪短。修剪的程度，因树种与苗木年龄而不同，一般修剪后根系的长度为 20 ~ 25cm，过短不利于移植后的成活和生长。一般大苗和抗旱力弱的树种，根系稀疏的以及圃地比较干旱的情况下，留根要适当长些。起苗时受机械损伤的根系，如被压碎呈纤维状的根端，劈裂的或无皮的根，不易愈合而且会引起腐烂，都应加以修剪。修剪时的切口要小而平滑，以利愈合。常绿阔叶树种，为了减少水分的蒸腾，可剪去部分枝叶。形成双叉主干的、枝条扩展不规则的以及受机械损伤和有病虫害的枝条，均应加以修剪。萌发力强的阔叶树种，为了使根系吸水能力和叶片蒸腾保持平衡，地上部分可进行适当修剪，或采用截干处理，截干不仅可提高移植成活率，而且可形成端直的干形，在培育行道树苗时常被采用。

五、移植方法

当前苗圃都采用人工移植，移植的方法有穴植和沟植两种。

（一）穴植法

穴植法适用于移植大苗或移植较难成活的苗木。先按株行距定点，然后用锄刃长15cm，宽 8cm，手柄长 25cm 的移植手锄挖穴栽植。穴植法能使苗木根系舒展，不会产生根系卷曲现象，因此移植成活率高，苗木生长恢复快，但工作效率比较低。

（二）沟植法

沟植法先用锹按行距开沟，将苗木按一定株距排列沟中，然后填土踩实。沟的深度应大于苗根长度。以免根部弯曲，此法工作效率较高，适用于一般苗木移植。

无论采用何种移植方法，在移植过程中，都必须十分注意对根系的保护，防止苗木过度失水，影响移植成活率和当年生长势。移植时如圃地土壤干燥，应在移植前 1 ~ 2 天进行灌溉，移植后要充分灌水，使土壤落实，以保证成活。移植时要使苗木端直，深浅适当，根系舒展，并与土壤密接。移植深度可较苗木原土痕略深，以免土壤下沉时苗根外露。

第三节　苗木整形修剪

一、整形修剪的目的

整形是指通过一定的修剪措施来形成栽培所需要的树体结构形态，表达树体自然生长所难以完成的不同栽培功能；修剪则是服从整形的要求，去除树体的部分枝、叶器官，达到调节树势、更新造型的目的。因此，整形与修剪是紧密相关、不可截然分开的完整栽培技术，是统一于栽培目的之下的有效管护措施。

不同种类的苗木因其生长特性而各自形成特有的自然式树冠，但通过整形、修剪的方法可以改变其原有的形状，服务于人类的特殊需求，我国的盆景艺术就是充分发挥整形修剪技术的最好范例。园林苗木的整形、修剪虽同样是对树木个体的营养生长与生殖生长的人为调节，但却既不同于盆景艺术造型，也不同于果树生产栽培，而具备更有效、更广泛的景观艺术内涵和更积极、更重要的生态效益显现，其主要目的有以下几个方面。

（一）调控树体结构

整形修剪可使树体的各层主枝在主干上分布有序、错落有致、主从关系明确、各占一定空间，形成合理的树冠结构，满足特殊的栽培要求。控制树体生长，增强景观效果，园林树木以不同的配置形式栽植在特定的环境中，并与周围的空间相互协调，构成各类园林景观。栽培管护中，需要通过适度修剪来控制与调整树木的树冠结构、形体尺度，以保持原有的设计效果。

（二）调控开花结实

修剪打破了树木原先的营养生长与生殖生长之间的平衡，重新调节树体内的营养分配，促进开花结实。正确运用修剪可使树体养分集中、新梢生长充实，控制成年树木的花芽分化或果枝比例。及时有效修剪，既可促进大部分短枝和辅养枝成为花果枝，达到花开满树的效果，也可避免花、果过多而造成的大小年现象。

（三）调控通风透光

当自然生长的树冠过度郁闭时，内膛枝得不到足够的光照，致使枝条下部光秃形成天棚型的叶幕，开花部位也随之外移呈表面化；同时树冠内部相对湿度较大，极易诱发病虫害。通过适当的疏剪，可使树冠通透性能加强、相对湿度降低、光合作用增强，从而提高树体的整体抗逆能力，减少病虫害的发生。

（四）平衡树势

提高移栽树的成活率，树木移栽特别是大树移植过程中损伤了大量的根系，如直径10cm的出圃苗木，移栽过程中可能失去95%的吸收根系，因此必须对树冠进行适度修剪以减少蒸腾量，缓解根部吸水功能下降的矛盾，提高树木移栽的成活率；促使衰老树的更新复壮，树体进入衰老阶段后，树冠出现秃裸，生长势减弱、花果量明显减少，采用适度的修剪措施可刺激枝干皮层内的隐芽萌发，诱发形成健壮的新枝，达到恢复树势、更新复壮的目的。

二、整形修剪的原则

（一）服从树木景观配置要求

不同的景观配置要求有个别的整形修剪方式。如槐树，作行道树栽植一般修剪成杯状形，作庭荫树用则采用自然式整形。桧柏，作孤植树配置应尽量保持自然树冠，作绿篱树栽植则一般行强度修剪、规则式整型。榆叶梅，栽植在草坪上宜采用丛状扁球形，配置在路边则采用有主干圆头形。

（二）遵循树木生长发育习性

树种间的不同生长发育习性，要求采用相应的整形修剪方式。如桂花、榆叶梅、毛樱桃等顶端生长势不太强，但发枝力强、易形成丛状树冠的树种，可采用圆球形、半球形整冠；对于香樟、广玉兰、棒树等大型乔木树种，则主要采用自然式树冠观型。对于桃、梅、杏等喜光树种，为避免内膛秃裸、花果外移，通常需采用自然开心形的整形修剪方式。

（三）根据苗圃地的生态环境条件

树木在生长过程中总是不断地协调自身各部分的生长平衡，以适应外部生态环境的变化。孤植树，光照条件良好，因而树冠丰满，冠高比大；密林中的树木，主要从上方接受光照，因侧旁遮阴而发生自然整枝，树冠狭窄、冠高比小。因此，需针对树木的光照条件及生长空间，通过修剪来调整有效叶片的数量、控制大小适当的树冠，培养出良好的冠形与干体。生长空间较大时，在不影响周围配置的情况下，可开张枝干角度，最大限度地扩大树冠；如果生长空间较小，则应通过修剪控制树木的体量，以防过分拥挤，有碍观赏、生长。对于生长在风口逆境条件下的树木，应采用低干矮冠的整形修剪方式，并适当疏剪枝条，保持良好的透风结构，增强树体的抗风能力。

三、整形修剪的技术与方法

（一）整形修剪时期

园林树木的整形修剪，从理论上讲一年四季均可进行；实际运用中，只要处理得当、掌握得法，都可以取得较为满意的结果。但正常养护管理中的整形修剪，主要分为两期集中进行。

1. 休眠期修剪（冬季修剪）

大多落叶树种的修剪，宜在树体落叶休眠到春季萌芽开始前进行，习称冬季修剪。此期内树木生理活动滞缓，枝叶营养大部分回归主干、根部，修剪造成的营养损失最少，伤口不易感染，对树木生长影响较小。修剪的具体时间，要根据当地冬季的具体温度特点而定，如在冬季严寒的北方地区，修剪后伤口易受冻害，故以早春修剪为宜，一般在春季树液流动前约 2 个月的时间内进行；一些需保护越冬的花灌木，应在秋季落叶后立即重剪，然后埋土或包裹树干防寒。

对于一些有伤流现象的树种，如葡萄，应在春季伤流开始前修剪。伤流是树木体内的养分与水分流失过多会造成树势衰弱，甚至使枝条枯死。有的树种伤流出现得很早，如核桃，在落叶后的 11 月中旬就开始发生，最佳修剪时期应在果实采收后至叶片变黄之前，且能对混合芽的分化有促进作用；但如为了栽植或更新复壮的需要，修剪也可在栽植前或早春进行。

2. 生长季修剪（夏季修剪）

可在春季萌芽后至秋季落叶后的整个生长季内进行，此期修剪的主要目的是改善树冠的通风、透光性能，一般采用轻剪，以免因剪除枝叶量过大而对树体生长造成不良的影响。对于发枝力强的树种，应疏除冬剪截口附近的过量新梢，以免干扰树形；嫁接后的树木，应加强抹芽、除蘗等修剪措施，保护接穗的健壮生长。对于夏季开花的树种，应在花后及时修剪、避免养分消耗，并促来年开花；一年内多次抽梢开花的树木，如花后及时剪去花枝，可促使新梢的抽发，再现花期。观叶、赏形的树木，夏剪可随时去除扰乱树形的枝条；绿篱采用生长期修剪，可保持树形的整齐美观。

（二）整形修剪方式

1. 整形方式

整形主要是为了保持合理的树冠结构，维持各级枝条之间的从属关系，促进整体树势的平衡，达到良好的观赏效果和生态效益。整形方式主要有以下几种。

（1）自然式整形

以自然生长形成的树冠为基础，仅对树冠生长作辅助性的调节和整理，使之形态更加优美自然。保持树木的自然形态，不仅能体现园林树木的自然美，同时也符合树木自身的生长发育习性，有利于树木的养护管理。树木的自然冠形主要有：圆柱形，如塔柏、杜松、龙柏等；塔形，如雪松、水杉、落叶松等；卵圆形，如桧柏（壮年期）、加拿大杨等；球形，如元宝枫、黄刺梅、栾树等；倒卵形，如千头柏、刺槐等；丛生形，如玫瑰、棣棠、贴梗海棠等；拱枝形，如连翘、迎春等；垂枝形，如龙爪槐、垂枝榆等；匍匐形，如偃松、偃桧等。修剪时需依据不同的树种灵活掌握，对有中央领导干的单轴分枝型树木，应注意保护顶芽、防止偏顶而破坏冠形；抑制或剪除扰乱生长平衡、破坏树形的交叉枝、重生枝、徒长枝等，维护树冠的匀称完整。

（2）人工式整形

依据园林景观配置需要，将树冠修剪成各种特定的形状，适用于黄杨、小叶女贞、龙柏等枝密、叶小的树种。常见树形有规则的几何形体、不规则的人工形体，以及亭、门等雕塑形体，这些原在西方园林中应用较多，但近年来在我国也有逐渐流行的趋势。

2. 修剪方式

短截：又称短剪，指对一年生枝条的剪截处理。枝条短截后，养分相对集中，可刺激剪口下侧芽的萌发，增加枝条数量，促进营养生长或开花结果。短截的轻重程度对产生的修剪效果有显著影响。

轻短截：剪去枝条全长的1/5 ~ 1/4，主要用于观花观果类树木的强壮枝修剪。枝条经短截后，多数半饱满芽受到刺激而萌发，形成大量中短枝，易分化更多的花芽。

中短截：自枝条长度 1/3～1/2 的饱满芽处短截，使养分较为集中，促使剪口下发生较壮的营养枝，主要用于骨干枝和延长枝的培养及某些弱枝的复壮。

重短截：在枝条中下部、全长 2/3～3/4 处短截，刺激作用大，可逼基部隐芽萌发，适用于弱树、老树和老弱枝的复壮更新。

极重短截：仅在春梢基部留 2～3 个芽，其余全部剪去，修剪后会萌生 1～3 个中、短枝，主要应用于竞争枝的处理。

回缩：又称缩剪，指对多年生枝条（枝组）进行短截的修剪方式。在树木生长势减弱、部分枝条开始下垂、树冠中下部出现光秃现象时采用此法，多用于衰老枝的复壮和结果枝的更新，促使剪口下方的枝条旺盛生长或刺激休眠芽萌发徒长枝，达到更新复壮的目的。

截干：对主干或粗大的主枝、骨干枝等进行的回缩措施称为截干，可有效调节树体水分吸收和蒸腾平衡间的矛盾，提高移栽成活率，在大树移栽时多见。此外，尚可利用逼发隐芽的效用，进行壮树的树冠结构改造和老树的更新复壮。

第四节　行道树整形修剪技术

一、行道树的整形修剪

行道树是指在道路两旁整齐列植的树木。城市中，行道树主要以道路遮阴为主要功能，同时具有防尘、降温、减轻机动车废气污染、美化道路环境等作用。行道树所处环境比较复杂，首先多与车辆交道有关系，有的受街道走向、宽窄、建筑高低等影响，在市区、老城区与架空线多有矛盾，在所选树种合适的前提下，必须通过修剪来解决这些矛盾，达到冠大阴浓的效果。

（一）修剪季节

落叶行道树修剪一般在冬季落叶后或春季发芽前进行。上海地区一般在 12 月中、下旬至翌年 3 月，因为冬季树木休眠时修剪可重新调整枝条的组合，使树体内的贮藏养料在第二年春季发芽后能得到合理分配，并使新发的枝条有适当的空间取得阳光进行光合作用，促使树木的生长，从而实现行道树的庇荫降温等功能，并使行道树有统一整齐的树形，达到整齐美观的作用。

行道树除冬剪外，每年还要在 5～6 月进行 2～3 次的剥芽。此外，对一些病虫枝、干扰架空线等枝条还必须随时修剪，对冬剪切口上萌发的一些新枝，如密为生一簇者，也要适当进行疏剪。

（二）修剪方法

1. 疏剪

对树上的枯枝、病虫枝、交叉枝、过密枝的枝条基部全部剪掉，以改善冠内通风透光条件，避免或减少膛内枝产生光脚现象。疏剪时，切口部分必须靠节，剪口应在剪口芽的反侧，呈45°倾斜，剪口应平整。如果簇生枝与轮生枝需全部去除的，应分次进行，以免伤口过多，影响树木生长。

2. 短截

主要剪去枝条先端的一部分枝梢，促发侧枝，并防止枝条突长。生长期一般轻剪，休眠期一般重剪。

3. 截干

对于比较粗大的主枝、骨干枝进行截断，这种方法有促使树木更新复壮的作用。为缩小伤口，应自分枝点上部斜向下锯，保留分枝点下部的凸起部分，这样伤口最小，且易愈合。为防止伤口因水分蒸发或病虫害侵入而腐烂，应在伤口处涂保护剂或用蜡封闭伤口，或包扎塑料布等加以保护，以促进愈合。

（三）常用整形修剪技术

1. 杯状形修剪

杯状形修剪多用于架空线下，具有典型的"三股六杈十二枝"的冠形结构。主干高2.5～4m。定干后，选留3个方向合适（相邻主枝间角度呈120°，与主干约呈45°）的主枝。再于各主枝的两侧各选留2个近于同一平面的斜生枝，然后同样再在各二级枝上选留2个枝，这个过程要分数年完成，才可形成杯状形树冠。行道树采用杯状形整枝，可视情况，根据树种而有变化。

骨架构成后，树冠很快扩大，疏去密生枝、直立枝，促发侧生枝，内膛枝可适当保留，增加遮阴效果。上方有架空线路的，切勿使枝与线路触及，一定要保持安全距离。行道树的枝条与架空线路间的安全距离含水平间距和垂直间距，视线路类别而异。

2. 开心形修剪

开心形修剪是杯状形的改进形式，不同处仅是分枝点相对杯状形低、内膛不空、三大主枝的分布有一定间隔，多用于无中央主轴或顶芽能自剪的树种，树冠自然开展。上海地区如合欢定植时，将主干留2～2.5m，最高不超过3m或者截干，靠近快车道一侧的分枝点可稍高一些。春季发芽后，留3～5个位于不同方向、分布均匀的侧枝进行修剪，促枝条生长成主枝，其余全部抹去。同一条路或相邻一段路上的行道树，主枝顶部要找平，如果确定距地面几米处剪齐，则分枝高的主枝多剪一些，而分枝低的主枝少剪一些。生长季只在主枝上保留 3 ～ 5 个方向合适的侧芽，来年萌发后选留 6 ～ 10 个侧枝，进行短截，促发次级侧枝，使冠形丰满、匀称。

3. 自然式修剪

在不影响交通和其他公共设施的情况下，行道树可以采用自然式冠形，如塔形、卵圆形等。

4. 有中央领导枝的行道树

凡主轴明显的树种，分枝点的高度按树种特性及树木规格而定，栽培和修剪时应注意保护其顶芽向上直立生长，如主干顶端受到损伤，应选择一个直立向上生长的枝条或在壮芽处短剪，并把其下部的侧芽抹去，抽出直立枝条代替，避免形成多头现象。此类树种，上海地区如雪松、杨树等。

针叶树应剪除基部垂地枝条，随树木生长可根据需要逐步提高分枝点，并保护主尖直立向上生长。

阔叶类树种如毛白杨，不耐重抹头或重截，应以冬季疏剪为主。修剪时应保持树冠与树干的适当比例，一般树冠高占 3/5，树干（分枝点以下）高占 2/5，在快车道旁的分枝点高至少应在 2.8m 以上。注意最下层的三大主枝上下位置要错开，方向匀称，角度适宜。要及时剪掉三大主枝上最基部贴近树干的侧枝，并选留好三大主枝以上枝条，使其呈螺旋形向上排列，萌生后形成圆锥状树冠。

银杏每年枝条短截，下层枝应比上层枝留得长，萌生后形成圆锥形树冠。形成后仅对枯病枝、过密枝为主进行疏剪，一般修剪量不大。

5. 无中央领导枝的行道树

选用主干性不强的树种，如旱柳、榆树、栾树、国槐等，分枝点高度一般 2 ～ 3m，于分枝点附近留 5 ～ 6 个主枝，各层主枝间距短，使自然长成卵圆形或扁圆形的树冠。每年修剪的主要对象是密生枝、枯死枝、病虫枝和伤残枝等。

第五节　各类园林大苗培育

一、落叶乔木大苗培育技术

落叶乔木大苗培育的规格是：具有高大通直的主干，干高要达到 2.0 ～ 3.5m；胸径达到 5 ～ 15cm；具有完整紧凑、匀称的树冠；具有强大的须根系。

落叶树种中有许多干性生长不强，采用逐年养干法往往树干弯曲多节，苗木质量差。可采用先养根后养干的办法，使树干通直无弯曲、节痕。落叶树种中银杏、柿树、水杉、落叶松、杨、柳、白蜡、青桐等乔木，在幼苗培育过程中干性比较强，又不容易弯曲，而且有的树种生长速度较慢，每年向上长一节（段）很不容易，不能采用先养根后养干的培育方法，而只能采用逐年养干的方法。采用逐年养干必须注意保护好主梢的绝对生长优势，当侧梢太强超过主梢，与主梢发生竞争时，要抑制侧梢的生长，可以采用摘心、拉枝或剪截等办法来进行抑制。也要注意病、虫和人为等损坏主梢。

落叶乔木大苗培育时，为了节约使用土地，一般不留或少留行间耕作量。初期定植都采用密植，主要是为了把树干养直。直干成为育苗的最主要问题，直接关系苗木质量。

落叶乔木大苗培育的行株距是上述众多树种常用的平均值，具体某一些树种最合适的移植行株距，还要根据该树种的干性强弱、分枝情况、生长速度快慢、修剪方法等而定，生长速度快，肥水条件好可适当加大行株距，生长慢的、肥水条件差的可适当缩小行株距。

二、落叶小乔木大苗培育技术

这类大苗培育的规格：具有一定主干高度，一般主干高 60 ~ 80cm，定干部位直径 3 ~ 5cm；要求有丰满匀称的冠形和强大的须根系。

落叶小乔木大苗树冠冠形常有两种：一种是开心形树冠，定干后只留整形带内向四外生长的 3 ~ 4 个主枝，交错选留，与主干呈 60° ~ 70° 开心角。各主枝长至 50cm 时摘心促生分枝，培养二级主枝，即培养成开心形树形。另一种是疏散分层形树冠，有中央主干，主枝分层分布在中干上，一般一层主枝 3 ~ 4 个，二层主枝 2 ~ 3 个，三层主枝 1 ~ 2 个。层与层之间主枝错落着生，夹角角度相同，层间距 80 ~ 100cm。要注意培养二级主枝。层间辅养枝要保持弱或中庸生长势，不能影响主枝生长，多余辅养枝全部清除。也要注意修剪掉交叉枝、徒长枝、直立枝等。主枝角度过小要采用拉枝的办法开角。

三、落叶灌木大苗培育

（一）落叶丛生灌木大苗培育

这类大苗的规格要求为每丛分枝 3 ~ 5 枝，每枝粗 1.5cm 以上，具有丰满的树冠丛和强大的须根系。

在培育过程中，注意每丛所留主枝数量，不可留得太多，否则易造成主枝过细，达不到应有的粗度。多余的丛生枝要从基部全部清除。丛生灌木不能太高，一般 1.2 ~ 1.5m 即可。

（二）丛生灌木单干苗的培育

丛生灌木在一定的栽培管理和整形修剪措施下，可培养成单干苗，观赏价值和经济价值都大大提高。如单干紫薇、丁香、木槿、连翘、金银木、太平花等。

培育的方法是选健壮最粗的一枝作为主干，主干要直立，若有的主枝易弯曲下垂，可设立柱支撑，将枝干绑在支柱上，将其基部萌生的芽或其他枝条全部剪除。培养单干苗要在整个生长季经常剪除萌生的芽或多余枝条，以便集中养分供给单干或单枝生长发育。

四、落叶垂枝类大苗培育技术

垂枝类大苗的规格要求：具有圆满匀称的馒头形树冠，主干胸径 5 ~ 10cm，树干通直，有强大的须根系。这类树种主要有龙爪槐、垂枝红碧桃、垂枝杏、垂枝榆等。而且都为高接繁殖的苗木，枝条全部下垂。

（一）砧木繁殖与嫁接

垂枝类树种都是原树种的变种，要繁殖这些苗木，首先是繁殖嫁接的砧木，即原树种。原树种采用播种繁殖，用实生苗做砧木，也可用扦插苗做砧木，一般 1 ~ 3 年生幼苗不能嫁接，因砧木粗度不够，嫁接成活后，由于砧木较细弱，接穗生长很慢，树冠形成也慢，特别是树干增粗就更慢。所以先把砧木培养到一定粗度，然后才开始嫁接。接口粗度要达到 3cm 以上直径最为适宜，这样操作起来比较容易，嫁接成活率高。由于砧木较粗，接穗生长势很强，接穗生长快，树冠形成迅速，嫁接后 2 ~ 3 年即可开始出圃。

嫁接接口高度有 220cm、250cm、280cm 等，现有许多采用低接的，在 80cm 或 100cm 处。如垂枝杏、垂枝碧桃嫁接的高度一般是在 100cm 左右。有的盆景嫁接位置更低。嫁接的方法可用插皮接、劈接，以插皮接操作方便、快捷、成活率高。对培养多层冠形可采用腹接和插皮腹接。

（二）嫁接成活养冠

要培养圆满匀称的树冠，必须对所有下垂枝进行修剪整形。原因是枝条下垂，生长势很快变弱，若不加生长刺激，很快就会变弱死亡。垂枝类一般夏剪较少，夏剪培养的冠枝往往过于细弱，不能形成牢固树冠。生长季主要是积累养分阶段。培养树冠主要在冬季进行修剪。枝条的修剪方法是在接口位置画一水平面，沿水平面剪截各枝条，或有的枝条可向上向下有所移动，一般都采用重短截，几乎剪掉枝条的 90%，剪口芽要选留向外向上生长的芽，以便芽长出后向外向斜上方生长，逐渐扩大树冠，树冠内直径小于 0.5cm 的细弱枝条全部剪除，个别有空间的可留 2 ~ 3 个枝条，短截后所剩枝条都要呈向外放射状生长，交叉比较严重的枝条也要从基部剪掉。直立枝、下垂枝、病虫枝、细弱小枝要清除掉。经 2 ~ 3 年培育即可形成圆头形树冠。生长季节注意清除接口处和砧木树干上的萌发条。

第七章 园林景观工程及市政道路工程管理

第一节 道路绿化的基本知识

一、城市道路绿地的定义

城市道路交通绿地主要指城市街道绿地、游憩林荫路、街道小游园、交通广场、步行街以及穿过市区的公路、铁路、快速干道的防护绿地等它以"线"的形式广泛地分布于全城，联系着城市中分散的"点"和"面"的绿地，组成完整的城市园林绿地系统。其目的是给城市居民创造安全、愉快、优美和卫生的生活环境，而且在改善城市气候、保护环境卫生、丰富城市艺术面貌、组织城市交通等方面都有着积极意义。城市道路绿地是道路及广场用地范围内可进行绿化的用地，是城市绿地系统的重要组成部分，在城市绿化覆盖率中占较大的比例。

二、城市道路绿地的作用

随着城市规模的扩大、城市人口的密集、人工设施的充斥、机动车辆的增长，自然环境的污染等这些对环境的人为改变，原有区域的碳氧平衡、水平衡、热平衡等因素随之改变，平衡被破坏对人类生存和发展产生的负面影响，正越来越凸显出来。随着科技的进步，人们逐步认识到，要在接受大自然赠予的同时，保护好人们赖以生存的自然环境在城市中，特别是车辆出现频率高的街道，环境污染较严重。大量种树、栽花、种草能起到人为强化自然体系的作用，利用绿色植物特有的吸收二氧化碳、放出氧气的功能，吸收有害物质、减轻空气污染的功能，除尘、杀菌、降温、增湿、减弱噪声、防风固沙等功能，是改善城市生态环境的根本出路。

其主要作用有以下几个方面。

（一）卫生防护作用

机动车是城市废气、尘土等的主要流动污染源，随着工业化程度的提高，机动车辆增多，城市的污染现象日趋严重。而道路绿地线长、面广，对道路上机动车辆排放的有毒气体有吸收作用，可净化空气、减少灰尘。

城市环境噪声的 70% ~ 80% 来自城市交通，有的街道噪声达到 100 分贝，而 70 分贝对人体就十分有害了，具有一定宽度的绿化带可以明显减弱噪声 5 ~ 8 分贝。

道路绿化还可以调节道路附近的温度、湿度，改善小气候；可以减低风速，降低日光辐射热；还可以降低路面温度，延长道路使用寿命。

（二）组织交通，保证安全

在道路中间设置绿化分隔带可以减少对向车流之间的互相干扰；在机动车和非机动车之间设置绿化分隔带，则有利于解决快车、慢车混合行驶的矛盾；植物的绿色在视野上给人以柔和而安静的感觉，在交叉口布置交通岛，常用树木作为吸引视线的标志，还可以有效地解决交通拥挤与堵塞问题；在车行道和人行道之间建立绿化带，可避免行人横穿马路，保证行人安全，且给行人提供优美的散步环境，也有利于提高车速和通行能力，利于交通。

（三）美化市容市貌

道路绿化可以美化街景、烘托城市建筑艺术、软化建筑的硬线条，同时还可以利用植物遮蔽影响市容的地段和建筑，使城市面貌显得更加整洁生动、活泼可爱。一个城市如果没有道路绿化，即使它的沿街建筑艺术水平再高、布局再合理，也会显得寡然无味。相反，在一条普通的街道上，如果绿化很有特色，则这条街道就会被人铭记，在不同街道采用不同的树种。

（四）市民休闲场所

城市道路绿化除行道树和各种绿化带以外，还有面积大小不同的街道绿地、城市广场绿地、公共建筑前的绿地，这些绿地内经常设有园路、广场、坐凳、宣传廊、小型休息建筑等设施，有些绿地内还设有儿童游戏场，成为市民休闲的好场所，市民可以在此锻炼身体、散步、休息、看书、陪儿童玩耍、聊天等这些绿地与大公园不同，距居住区较近，所以利用率很高。

在公园分布较少的地区或在没有庭园绿地的楼房附近以及人员居住密度很大的地区，都应发展街头绿地、广场绿地、公共建筑前的绿地或者发展林荫路、滨河路，以缓解城市公园不足或分布不均衡的问题。

（五）生产作用

道路绿化在满足各种功能要求的同时，还可以结合生产创造一些物质财富，可提供油料、果品、药材等经济价值很高的副产品，如七叶树、银杏、连翘等剪下来的树枝，可供薪材之用。

（六）防灾、战备作用

道路绿化为防灾、战备提供了条件，它可以伪装、掩蔽，在地震时搭棚，洪灾时用作救命草，战时可砍树搭桥等。

三、城市道路绿地设计的基本原则

道路绿地规划设计应统筹考虑道路功能性质、人行车行要求与市政公用及其他设施的关系，并要遵循以下原则。

第一，道路绿地性质与景观特色相协调。

第二，充分发挥城市道路绿地的生态功能。

第三，道路绿地与交通、市政公用设施相互统筹安排。

第四，适地适树与功能、美化相结合。

第五，道路绿地与其他的街景元素协调，形成完美的景观。

第二节　街道绿化设计

一、道路绿带设计

（一）行道树绿带的设计

行道树是街道绿化最基本的组成部分，沿道路种植一行或几行乔木是街道绿化最普遍的形式，下面简述行道树的设计内容及方法。

1. 选择合适的行道树种

每个城市、每个地区的情况不同，要根据当地的具体条件，选择合适的行道树种，所选树种应尽量符合街道绿化树种的选择条件。

2. 确定行道树种植点距道牙的距离

行道树种植点距道牙的距离取决于两个条件：一是行道树与管线的关系，二是人行道铺装材料的尺寸。

行道树是沿车行道种植的，而城市中许多管线也是沿车行道布置的，因此行道树与管线之间经常相互影响。在设计时，要处理好行道树与管线的关系，使它们各得其所，才能达到理想的效果。

确定种植点距道牙的距离还应考虑人行道铺装材料及尺寸。如是整体铺装则可不考虑，如是块状铺装，最好在满足与管线最小距离的基础上，取与块状铺装的整数倍尺寸关系的距离，这样施工起来比较方便快捷。

3. 确定合理的株距

行道树的株距要根据所选植物的成年冠幅大小来确定，另外，道路的具体情况如交通或市容的需要也是考虑株距的重要因素，常用的株距有 4m、5m、6m、8m 等。

4. 定种植方式

行道树的种植方式要根据道路和行人情况来确定，道路行人量大多选用种植池式，树池的尺寸一般为 1.5m×1.5m。树池的边石有高出人行道 10～15cm 的，也有和人行道等高的，前者对树木有保护作用，后者行人走路方便，现多选用后者在主要街道上还覆盖特制混凝土盖板石或铁花盖板保护植物，于行人更为有利道路不太重要、行人量较少的地段可选用种植带式。长条形的种植带施工方便，对树木生长也有好处；缺点是裸露土地多，不利于街道卫生和街景的美观。为了保持清洁和街景的美观，可在条形种植带中的裸土处种植草皮或其他地被植物。种植带的宽度应在 1.5m 以上。

（二）分车绿带的设计

在分车带上进行绿化，称为分车绿带，也称隔离绿带.在三块板的道路断面中，分车绿带有两条，在两块板的道路上分车绿带只有一条，又称为中央或中间分车绿带，分车绿带有组织交通、分隔上下行车辆的作用。在分车绿带上经常设有各种杆线、公共汽车停车站，人行横道有时也横跨其上。

分车绿带的宽度因道路而异，没有固定的尺寸，因而种植设计就因绿带的宽度不同而有不同的要求。一般在分车带上种植乔木时，要求分车带不小于 2.5m；6m 以上的分车带可以种两行乔木和花灌木；窄的分车带只能种草坪和灌木两块板形式的路面在我国不多，中央绿带最小为 3m，3m 以上的分车带可以种乔木。

设置分车带的目的，是用绿带将快慢车道分开，或将逆行的快车与快车分开，保证快慢车行驶的速度与安全。对视线的要求因地段不同而不同。在交通量较少的道路两侧及没有建筑或没有重要的建筑物地段，分车带上可种植较密的乔、灌木，形成绿色的墙，充分发挥隔离作用。当交通量较大或道路两侧分布大型建筑及商业建筑时，既要求隔离又要求视线通透，在分车带上的种植就不应完全遮挡视线。种分枝点低的树种时，株距一般为树冠直径的 2 ~ 5 倍；灌木或花卉的高度应在视平线以下。如需要视线完全敞开，在隔离带上应只种草皮、花卉或分枝点高的乔木。路口及转角地应留出一定范围不种遮挡视线的植物，使司机能有较好的视线，保证交通安全。

分车绿带位于车行道中间，位置明显而重要，因此，在设计时要注意街景的艺术效果。可以造成封闭的感觉，也可以创造半开敞、开敞的感觉。这些都可以用不同的种植设计方式来达到。分车带的绿化设计方式有三种：封闭式、半开敞式和开敞式，无论采取哪一种种植方式，其目的都是为了最合理地处理好建筑、交通和绿化之间的关系，使街景统一而富于变化，但要注意不可过多变化，否则会使人感到凌乱烦琐而缺乏统一，容易分散司机的注意力。从交通安全和街景考虑，在多数情况下，分车绿带以不挡视线的开敞式种植较为合理。

（三）路侧绿带的设计

路侧绿带包括基础绿带、防护绿带、花园林荫路、街头休息绿地等。当街道具有一定的宽度时，人行道绿带也就相应宽了，这时人行道绿带上除布置行道树外，还有一定宽度的地方可供绿化，这就是防护绿带。若绿化带与建筑相连，则称为基础绿带。一般防护绿带宽度小于 5m 时，均称为基础绿带；宽度大于 10m 以上的，可以布置成花园林荫路。

1. 防护绿带和基础绿带设计

防护绿带宽度在 2.5m 以上时，可考虑种一行乔木和一行灌木；宽度大于 6m 时，可考虑种植两行乔木，或将大小乔木、灌木以复层方式种植；宽度在 10m 以上时，种植方式更应多样化。

基础绿带的主要作用是为了保护建筑内部的环境及人的活动，不受外界干扰。基础绿带内可种灌木、绿篱及攀缘植物以美化建筑物。种植时一定要保证植物与建筑物的最小距离，保证室内的通风和采光。

2. 街头休息绿地的设计

在城市干道旁供居民短时间休息用的小块绿地，称为街头休息绿地。它主要指沿街的一些较集中的绿化地段，常常布置成"花园"的形式，有的地方又称为"小游园"。街头休息绿地以绿化为主，同时有园路、场地及少量的设施和建筑，供附近居民和行人作短时间休息。绿地面积多数在 1 公顷以下，有些只有几十平方米。由于街头休息绿地不拘形式，只要街道旁有一定面积的空地，均可开辟为街头休息绿地，因此，在城市绿地不足的情况下，常常可以用街头休息绿地来弥补城市绿地的不足。旧城市改造时，在稠密的建筑群里，要求开辟集中的大面积绿地是很困难的，在这种情况下，发展街头休息绿地是个好办法。

街头休息绿地的平面形式各种各样，面积大小相差悬殊，周围环境也各不相同，但在布置上大体可分为四种类型，即规则对称式、规则不对称式、自然式、规则与自然相结合式。它们各有特色，具体采用哪种形式要根据绿地面积大小、轮廓形状、周围建筑物（环境）的性质、附近居民情况和管理水平等因素来选择。

街头休息绿地的设计内容包括定出入口、组织空间、设计园路、场地、选择安放设施、进行种植设计这些都要按照艺术原理及功能要求考虑。

植物的选择要按街道绿化树种的要求来选择骨干树种种植形式可多样统一，要重点装饰出入口及场地周围，道路转折处另外街头休息绿地是街道绿化的延伸部分，与街道绿化密切相关，所以它的种植设计要求与街道上的种植设计有联系，不要分开为了减少街道上的噪声及尘土对绿地环境的不良影响，最好在临街一侧种植绿篱、灌木，起分隔作用，但要留出几条透视线，以便让行人在街道上能望到绿地中的景色和从绿地中借外景。

3. 花园林荫路的设计

花园林荫路是指那些与道路平行而且具有一定宽度和游憩设施的带状绿地、花园林荫路也可以说是带状的街头休息绿地、小花园。在城市建筑密集、缺少绿地的情况下，花园林荫路可弥补城市绿地分布不均匀的缺陷。

花园林荫路的设计要保证林荫路内有一个宁静、卫生和安全的环境，以供游人散步、休息。在它与车行道相邻的一侧，要用浓密的植篱和乔木共同组成屏障，与车形道隔开，但为了方便行人出入，一般间隔 75 ~ 100m 应设一出入口、在有特殊需要的地方可增设出入口。花园林荫路中的适当地段结合周围环境应开辟各种场地，设置必要的园林设施为行人和附近居民作短时间休息用。林荫路的尽端，往往与城市广场或主要干道交叉口联系，是城市广场构图的组成部分，应特别注意艺术处理。

二、交通岛绿地

（一）交叉路口绿地

　　为了保证行车安全，在道路交叉口必须为司机留出一定的安全视距，使司机在这段距离内能看到对面开来的车辆，并有充分刹车和停车的时间而不致发生事故。这种从发觉对方汽车而立即刹车到能够停车的距离称为"安全"或"停车视距"，这个视距主要与车速有关。根据相交道路所选用的停车视距，可在交叉口平面上绘出一个三角形，称为"视距三角形"，在视距三角形范围内，不能有阻碍视线的物体。

（二）交通岛

　　交通岛，俗称转盘，设在道路交叉口处，主要作用为组织交环形交通，使驶入交叉口的车辆，一律绕岛做逆时针单向行驶。一般设计为圆形，其直径的大小必须保证车辆能按一定速度以交织方式行驶，由于受到环岛上交织能力的限制，交通岛多设在车流量较大的主干道或具有大量非机动车交通、行人众多的交叉口。

（三）立体交叉绿岛

　　互通式立体交叉一般由主、次干道和匝道组成，匝道是供车辆左右转弯而把车流导向主次干道的。为了保证车辆安全和保持规定的转弯半径，匝道和主次干道之间就形成了几块面积较大的空地，作为绿化用地则称为绿岛。此外，从立体交叉的外围到建筑红线的整个地段，除根据城市规划安排市政设施外，都应该充分绿化起来，这些绿地可称为外围绿地。

　　绿化布置要服从立体交叉的功能，使司机有足够的安全视距，因此，在立交进出道口和准备会车的地段及立交匝道内侧道路有平曲线的地段，不宜种植遮挡视线的树木，可种植绿篱或灌木等，其高度也不能超过司机的视高，以便司机能通视前方的车辆——在弯道外侧，植物应连续种植且视线要封闭，不使视线涣散，并预示道路方向和曲率，这样有利于行车安全。

　　绿岛是立体交叉中面积比较大的绿化地段，一般应种植开阔的草坪，草坪上点缀有较高观赏价值的常绿植物和花灌木，也可以种植观叶植物组成的纹样色带和宿根花卉。

　　立体交叉的绿岛处在不同高度的主次干道之间，往往有较大的坡度，这对绿化是不利的，可设挡土墙减缓绿地的坡度，一般以不超过 5% 为宜。此外，绿岛内还需装设喷灌设施。

三、广场、停车场绿地

（一）广场绿地

在城市中有各种不同类型的广场，如政治广场、交通广场、纪念性广场、车站广场等。广场上往往需要有一定的地段进行绿化和重点处理，使不同性质的广场各有特色并充分发挥它们在城市建筑艺术方面的作用。另外，在一些有价值、有历史意义的大型公共建筑内，大都留出适当的绿化地段，种植树木、花卉和草地，来衬托、点缀建筑物和美化周围的环境广场及公共建筑前的绿化地段。它可以改善广场的小气候，还可以为行人创造一个休息环境。

广场的绿化必须与广场性质一致，城市广场的类型很多，因而绿化的形式各异。

1. 政治性广场的绿化设计

政治性广场一般包括：国家首都或者省会的政治集会中心广场；政府或议会前的广场；纪念某件事或某个人的广场。这些广场的绿化与在这个广场中的其他设施一样。往往都具有一定的政治含义或某些代表意义。按照广场类型的不同，绿化设计也要求有不同的风格，但应有利于突出广场的性质。

2. 公共建筑物前广场的绿化设计

城市中的公共建筑，一般有剧场、影院、俱乐部、展览馆、饭店、体育场、商场等。这些建筑前的绿化应各有特点，但总的来说都要适应大量人流集散的要求。有的公共建筑前人流经常是川流不息的，如商场、展览馆等；有的公共建筑则在人流集散高峰比较明显，如剧场、影院、体育馆等在绿化布置时，对后一种建筑更需要便于人流通过，同时也要避免绿化遭受破坏。

3. 车站、飞机场和客运码头前广场的绿化设计

车站、机场和码头是旅客出入频繁的地方，广场的大部分常常被各种停车场、公共车站以及宽阔的人行道占用，因此可供绿化的地方不多，比较好的绿化办法是多种一些大乔木，大乔木下面占地不多，而其较大的树冠能起到很好的绿化庇荫作用，大树下布置适当的座椅供旅客休息，以缓解候车（船）室的拥挤客运码头附近往往需要比较开敞的绿化布置，一方面是可以和广阔的水面相协调、另一方面是水上船只可方便地看到码头建筑物。

车站、飞机场和码头是城市的"大门"，在建筑艺术上要求较高，在绿化布置和苗木选择上也应能反映出城市的特点和地方的风格，如气候的季节性、城市的代表性植物等。

4. 交通广场的绿化设计

交通广场包括桥头、十字路交叉口和街道拐弯处的广场这些地方为了交通安全往往利用绿化将各种车辆疏导开树木和花草，可以作为引导交通的一种标志，如在道路拐弯处种

植几株树木或花草。绿篱和灌木可以起到栏护和阻挡人、车通行的作用把组织交通和路口的绿化结合在一起，既可保护交通安全，又能美化市容。

（二）停车场绿地

随着人民生活水平的提高和城市建设的发展，机动车辆越来越多，对停车场的要求也越来越迫切。一般在较大的公共建筑物，如剧场、体育馆、展览馆、影院、商场、饭店等附近，都应设停车场。

较小的停车场适用于周边式，这种形式是四周种植落叶乔木、常绿乔木、花灌木、草地、绿篱或围以栏杆，场内地面全部铺装不种植物。

较大的停车场为了给车辆遮阴，可在场地内种植成行、成列的落叶乔木，除乔木的种植外，场内地面全部铺装。

建筑前的绿化兼停车场，因靠近建筑物且使用方便，是目前运用最多的停车场形式。这种形式的绿化布置灵活，多结合基础绿化、前庭绿化和部分行道树设计。绿化既要衬托建筑，又要能对车辆起到一定的遮阴和隐蔽作用，故种植一般是乔木和高绿篱或灌木结合。

第三节　公路绿化设计

一、一般公路绿化设计

公路是指城市郊区的道路以及城乡之间的交通要道，它是联系城镇乡村及风景区、旅游胜地等的交通网。公路绿化与街道绿化有着共同之处，但也有不同之处，公路距居民区较远，通常穿过农田、山林，但没有城市复杂的地上、地下管网和建筑物的影响，人为损伤也较少，这些都有利于绿化。

二、高速公路绿化设计

随着城市交通现代化的进程，高速公路与城市快速道路在我国迅速发展，高速公路是指有中央分隔带、四个以上车道立体交叉、完备的安全防备设施并专供快速行驶的现代化路：这种主要供汽车高速行驶的道路，路面质量较高，行车速度较快，一般速度为80 ~ 120km/h，甚至超过200km/h 针对这样的特殊道路，绿化及绿化防护工作尤为重要，通过绿化缓解高速公路施工、运营给沿线地区带来的各种影响，保护自然环境，改善生活环境，并通过绿化提高交通安全和舒适性。

（一）中央分隔带

分车带宽度一般为 1 ~ 5m，其主要目的是按不同的行驶方向分隔车道，防止灯眩光干扰，减轻司机因行车引起的精神疲劳感。此外，通过不同标准段的树种替换，可消除司机的视觉疲劳及旅客心情的单调感，还有引导视线、改善景观的作用。

中央分隔带一般以常绿灌木的规则式整形设计为主，有时结合落叶花灌木形成自由式设计，地表一般采用草皮覆盖在植物的选择上，应重点考虑耐尾气污染、耐粗放管理、长生旺盛、慢生、耐修剪的灌木，如蜀桧、龙柏、大叶黄杨、小叶女贞、蔷薇、丰花月季、紫叶李、连翘等。

（二）边坡绿化

边坡是高速公路中对路面起支持保护作用的有一定坡度的区域，除应达到景观美化的效果外，还应与工程防护相结合，起到固坡、防止水土流失的作用在选用护坡植物材料时，应考虑固土性能好、成活率高、生长快、耐瘠薄，耐粗放管理等要求的植物，如连翘、蔷薇、迎春、毛百蜡、柽柳、紫穗槐等对于较矮的土质边坡，可结合路基种植低矮的花灌木、匍匐植物或草坪，较高的土质边坡可用三维网种植草坪，对于石质边坡可用攀缘植物进行垂直绿化。

（三）公路两侧绿化带

公路两侧绿化带是指道路两侧边沟以外的绿化带，公路两侧绿化带是为了防止高速公路在穿越市区、学校、医院、疗养院、住宅区附近时的噪声和废气污染。除此之外，还可以防风固沙、涵养水源，吸收灰尘、废气，减少污染、改善小环境气候以及增加绿化覆盖率。路侧绿化带宽度不定，一般在 10～30m 通常种植花灌木，在树木光影不影响行车的情况下，可采用乔灌结合的形式，形成良好的景观。

（四）服务区绿化

高速公路上，一般每 50km 左右设一服务管理区，供司机和乘客短暂停留，满足车辆维修、加油及司机、乘客就餐、购物、休息的需要。服务区设计有减速道、加速道、停车场、加油站、汽车维修及管理站、餐馆、旅店及一些娱乐设施等。应结合具体的建筑及设施进行合理的绿化设计。常常采用乔、灌、草的搭配烘托建筑物，使建筑物与周围环境相协调。加油站、管理站等区域要有开阔的视线，为了避免植物对加油站的设施和水面清洁的破坏，周围应以草坪为主，适当种植乔木和花灌木，形成丰富的景观。在防护地和预留地边缘种植一排乔木，以界定服务区范围，并起到防护作用，在预留地区种植当地有特色的果树林和经济林，形成富有特色的绿化区域。

第四节　城市广场绿地设计

一、城市广场的类型

现代城市广场的定义是随着人们需求和文明程度的发展而变化的，今天人们面对的现代城市广场一般是指由建筑物、街道和绿地等围合或限定形成的永久性城市公共活动空间，是城市空间环境中最具公共性、最富有艺术魅力、最能反映城市文化特征的开放空间，有着城市"起居室"和"客厅"的美誉。

（一）市政广场

市政广场一般位于城市中心位置，通常是市政府、城市行政区中心、老行政区中心和旧行政厅所在地。它往往布置在城市主轴线上，成为一个城市的象征。在市政广场上，常有表现该城市特点或代表该城市形象的重要建筑物或大型雕塑等。

市政广场应具有良好的可达性和流通性，故车流量较大，为了合理有效地解决好人流、车流问题，有时甚至用立体交通方式，如地面层安排步行区，地下安排车行、停车等，实现人车分流，市政广场一般面积较大，为了让大量的人群在广场上有自由活动、节日庆典的空间，一般多用硬质材料铺装为主，如北京天安门广场、莫斯科红场等也有以软质材料绿化为主的，如美国华盛顿市中心广场，其整个广场如同一个大型公园，配以座凳等小品，把人引入绿化环境中去休闲、游赏市政广场布局形式一般较为规则，甚至是中轴对称的标志性建筑物常位于轴线上，其他建筑及小品对称或对应布局，广场中一般不安排娱乐性、商业性很强的设施和建筑，以加强广场稳重严整的气氛。

（二）纪念广场

城市纪念广场的题材非常广泛，涉及面很广，可以是纪念人物，也可以是纪念事件通常广场中心或轴线以纪念雕塑（或雕像）、纪念碑（或柱）、纪念建筑或其他形式纪念物为标志，主体标志物应位于整个广场构图的中心位置纪念广场有时也与政治广场、集会广场合并设置为一体，如北京的天安门广场。

纪念广场的大小没有严格限制，只要能达到纪念效果即可，因为通常要容纳众人举行缅怀纪念活动，所以应考虑广场中具有相对完整的硬质铺装地，而且与主要纪念标志物（或纪念对象）保持良好的视线或轴线关系。

（三）交通广场

交通广场的主要目的是有效地组织城市交通，包括人流、车流等，是城市交通体系中的有机组成部分。它是连接交通的枢纽，起交通集散、联系、过渡及停车的作用。通常分两类：一类是城市内外交通会合处，主要起交通转换作用，如火车站、长途汽车站前广场（站前交通广场）；另一类是城市干道交叉口处交通广场（环岛交通广场）。

站前交通广场是城市对外交通或者是城市区域间的交通转换地，设计时广场的规模与转换交通量有关，包括机动车、非机动车、人流量等，广场要有足够的行车面积、停车面积和行人场地对外交通的站前交通广场往往是一个城市的入口，其位置一般比较重要，很可能是一个城市或城市区域的轴线端点广场的空间形态应尽量与周围环境相协调，体现城市风貌，使过往旅客使用舒适、印象深刻。

二、城市广场绿地的设计

（一）广场绿地设计的原则

第一，广场绿地布局应有城市广场总体布局统一，使绿地成为广场的有机组成部分，从而更好地发挥其主要功能，符合其主要性质要求。

第二，广场绿地的功能与广场内各功能区相一致，更好地配合和加强该区功能的实现如人口区的植物配置应强调绿地的景观效果，休闲区规划则应以落叶乔木为主，冬季的阳光、夏季的遮阳都是人们户外活动所需要的。

第三，广场绿地规划应具有清晰的空间层次，独立形成或配合广场周边建筑、地形等形成良好、多元、优美的广场空间体系。

第四，广场绿地规划设计应考虑到与该城市绿化总体风格协调一致，结合地理区位特征，物种选择应符合植物的生长规律，突出地方特色。

第五，结合城市广场环境和广场的竖向特点，以提高环境质量和改善小气候为目的，协调好风向、交通、人流等诸多因素。

第六，对城市广场上的原有大树应加强保护，保留原有大树有利于广场景观的形成，有利于体现对自然、历史的尊重，有利于对广场场所感的认同。

（二）城市广场绿地种植设计形式

城市广场绿地种植主要有四种基本形式：排列式种植、集团式种植、自然式种植、花坛式（图案式）种植。

1. 排列式种植

这种形式属于整形式，主要用于广场周围或者长条形地带，用于隔离或遮挡，或作为背景。单排的绿化栽植，可在乔木间加种灌木，灌木丛间再加种单本花卉，但株间要有适当的距离，以保证有充足的阳光和营养面积。在株间排列上近期可以密一些，几年以后可以考虑间移，这样既能使近期绿化效果好，又能培育一部分大规格苗木乔木下面的灌木和草木花卉要选择耐阴品种。并排种植的各群乔灌木在色彩和体型上要注意协调。

2. 集团式种植

集团式种植也是整形式的一种，是为避免成排种植的单调感，把几种树组成一个树丛，有规律地排列在一定的地段上。这种形式有丰富、浑厚的效果，排列整齐时远看很壮观，近看又很细腻，可用草本花卉和灌木组成树丛，也可用不同的乔木和灌木组成树丛。

3. 自然式种植

这种形式与整形式不同，是在一定地段内，花木种植不受统一的株、行距限制，而是疏密有序地布置，从不同的角度望去有不同的景致，生动而活泼。这种布置不受地块大小和形状限制，可以巧妙地解决与地下管线的矛盾。自然式树丛布置要密切结合环境，才能使每一种植物茁壮生长。同时，此方式对管理工作的要求较高。

4. 花坛式（图案式）种植

花坛式种植即图案式种植，是一种规则式种植形式，装饰性极强，材料选择可以是花、草，也可以是可修剪整齐的木本树木，可以构成各种图案。它是城市广场最常用的种植形式之一。

花坛或花坛群的位置及平面轮廓应该与广场的平面布局相协调，如果广场是方形的，那么花坛或花坛群的外形轮廓也以长方形为宜当然也不排除细节上的变化，变化的目的只是为了更活泼一些，过分类似或呆板，会失去花坛所渲染的艺术效果。

在人流、车流交通量很大的广场，或是游人集散量很大的公共建筑前，为了保证车辆交通的通畅及游人的集散，花坛的外形并不强求与广场一致。例如，正方形的街道交叉口广场上、三角形的街道交叉口广场中央，都可以布置圆形花坛，长方形的广场可以布置椭圆形的花坛。

花坛与花坛群的面积占城市广场面积的比例，一般最大不超过1/3，最小也不小于1/15。华丽的花坛，面积比例要小些；简洁的花坛，面积比例要大些。

参考文献

[1] 郭莲莲. 园林规划与设计运用 [M]. 长春：吉林美术出版社，2019.

[2] 孔德静，张钧，胥明. 城市建设与园林规划设计研究 [M]. 长春：吉林科学技术出版社，2019.

[3] 彭丽. 现代园林景观的规划与设计研究 [M]. 长春：吉林科学技术出版社，2019.

[4] 李良，牛来春. 普通高等教育"十三五"规划教材　园林工程概预算 [M]. 北京：中国农业大学出版社，2019.

[5] 张兴春. 高等院校风景园林类系列规划教材　环境景观设计 [M]. 合肥：合肥工业大学出版社，2019.

[6] 秦红梅. 天津大学建筑设计规划研究总院风景园林院作品集 [M]. 天津：天津大学出版社，2019.

[7] 蔡文明. 高等院校设计学精品课程规划教材　园林植物与植物造景 [M]. 南京：江苏凤凰美术出版社，2019.

[8] 唐岱，熊运海. 园林植物造景 [M]. 北京：中国农业大学出版社，2019.

[9] 袁惠燕，王波，刘婷. 园林植物栽培养护 [M]. 苏州：苏州大学出版社，2019.

[10] 闫辉，朱向涛，刘哲. 园林花卉 [M]. 石家庄：河北美术出版社，2019.

[11] 胡松梅. 园林规划设计 [M]. 西安：世界图书出版西安有限公司，2018.

[12] 谢佐桂，徐艳，谭一凡. 园林绿化灌木应用技术指引 [M]. 广州：广东科技出版社，2019.

[13] 雷一东. 园林植物应用与管理技术 [M]. 北京：金盾出版社，2019.

[14] 徐文辉. 城市园林绿地系统规划（第 3 版）[M]. 武汉：华中科技大学出版社，2018.

[15] 崔星，尚云博，桂美根. 园林工程 [M]. 武汉：武汉大学出版社，2018.

[16] 王国夫. 园林花卉学 [M]. 杭州：浙江大学出版社，2018.

[17] 张启亮，李宾，陈泽. 园林美术 [M]. 北京 / 西安：世界图书出版公司，2018.

[18] 杨云霄. 3DS MAX/VRay 园林效果图制作（第 2 版）[M]. 重庆：重庆大学出版社，2018.

[19] 娄娟，娄飞. 风景园林专业综合实训指导 [M]. 上海：上海交通大学出版社，2018.

[20] 郭媛媛，邓泰，高贺. 园林景观设计 [M]. 武汉：华中科技大学出版社，2018.

[21] 袁犁. 风景园林规划原理 [M]. 重庆：重庆大学出版社，2017.

[22] 林墨飞，唐建 . 中外园林史 [M]. 重庆：重庆大学出版社，2019.

[23] 江芳，郑燕宁 . 园林景观规划设计 [M]. 北京：北京理工大学出版社，2017.

[24] 李晓征 . 高职高专园林工程技术专业规划教材　园林植物及应用 [M]. 北京：中国建材工业出版社，2017.

[25] 张媛媛 . 园林工程实训指导 [M]. 上海：上海交通大学出版社，2017.

[26] 张祖荣 . 园林树木栽培学 [M]. 上海：上海交通大学出版社，2017.

[27] 马静，黄丽霞 . 园林制图实训指导 [M]. 上海：上海交通大学出版社，2017.

[28] 张青萍 . 园林建筑设计（第 2 版）[M]. 南京：东南大学出版社，2017.

[29] 王庆菊，刘杰 . 园林树木（北方本）[M]. 北京：中国农业大学出版社，2017.

[30] 关文灵，李叶芳 . 园林树木学 [M]. 北京：中国农业大学出版社，2017.